对接世界技能大赛技术标准创新系列教材

技工院校一体化课程教学改革工业机器人应用与维护专业教材

工业机器人工作站维护与保养

人力资源社会保障部教材办公室 组织编写

中国劳动社会保障出版社

worldskills China

内容简介

本套教材为对接世赛标准深化一体化专业课程改革工业机器人应用与维护专业教材，对接世赛机器人系统集成等项目，学习目标融入世赛要求，学习内容对接世赛技能标准，考核评价方法参照世赛评分方案，并设置了世赛知识栏目。

本书主要内容包括：工业机器人工作站日常维护与保养、工业机器人工作站月度维护与保养、工业机器人工作站年度维护与保养等。

图书在版编目（CIP）数据

工业机器人工作站维护与保养 / 人力资源社会保障部教材办公室组织编写 . -- 北京：中国劳动社会保障出版社，2021

对接世界技能大赛技术标准创新系列教材　技工院校一体化课程教学改革工业机器人应用与维护专业教材

ISBN 978-7-5167-4938-8

Ⅰ. ①工…　Ⅱ. ①人…　Ⅲ. ①工业机器人 - 工作站 - 维修②工业机器人 - 工作站 - 保养　Ⅳ. ①TP242.2

中国版本图书馆 CIP 数据核字（2021）第 130564 号

中国劳动社会保障出版社出版发行

（北京市惠新东街 1 号　邮政编码：100029）

*

北京市白帆印务有限公司印刷装订　　新华书店经销

880 毫米 ×1230 毫米　16 开本　7.25 印张　164 千字

2021 年 8 月第 1 版　　2025 年 11 月第 6 次印刷

定价：18.00 元

营销中心电话：400-606-6496

出版社网址：http://www.class.com.cn

http://jg.class.com.cn

对接世界技能大赛技术标准创新系列教材

本书编审人员

主　　编：杨　敏

副 主 编：吴嘉浩　林钦仕

参　　编：张善燕　李　阳　王玉晔　田玉瑛　甘学沛　黄福桃

审　　稿：杨杰忠

序

世界技能大赛由世界技能组织每两年举办一届，是迄今全球地位最高、规模最大、影响力最广的职业技能竞赛，被誉为“世界技能奥林匹克”。我国于 2010 年加入世界技能组织，先后参加了五届世界技能大赛，累计取得 36 金、29 银、20 铜和 58 个优胜奖的优异成绩。第 46 届世界技能大赛将在我国上海举办。2019 年 9 月，习近平总书记对我国选手在第 45 届世界技能大赛上取得佳绩作出重要指示，并强调，劳动者素质对一个国家、一个民族发展至关重要。技术工人队伍是支撑中国制造、中国创造的重要基础，对推动经济高质量发展具有重要作用。要健全技能人才培养、使用、评价、激励制度，大力发展技工教育，大规模开展职业技能培训，加快培养大批高素质劳动者和技术技能人才。要在全社会弘扬精益求精的工匠精神，激励广大青年走技能成才、技能报国之路。

为充分借鉴世界技能大赛先进理念、技术标准和评价体系，突出“高、精、尖、缺”导向，促进技工教育与世界先进标准接轨，完善我国技能人才培养模式，全面提升技能人才培养质量，人力资源社会保障部于 2019 年 4 月启动了世界技能大赛成果转化工作。根据成果转化工作方案，成立了由世界技能大赛中国集训基地、一体化课改学校，以及竞赛项目中国技术指导专家、企业专家、出版集团资深编辑组成的对接世界技能大赛技术标准深化专业课程改革工作小组，按照创新开发新专业、升级改造传统专业、深化一体化专业课程改革三种对接转化原则，以专业培养目标对接职业描述、专业课程对接世界技能标准、课程考核与评价对接评分方案等多种操作模式和路径，同时融入健康与安全、绿色与环保及可持续发展理念，开发与世界技能大赛项目对接的专业人才培养方案、教材及配套教学资源。首批对接 19 个世界技能大赛项目共 12 个专业的成果将于 2020—2021 年陆续出版，主要用于技工院校日常专业教学工作中，充分发挥世界技能大赛成果转化对技工院校技能人才的引领示范作用。在总结经验及调研的基础上选择新的对接项目，陆续启动第二批等世界技能大赛成果转化工作。

希望全国技工院校将对接世界技能大赛技术标准创新系列教材，作为深化专业课程建设、创新人才培养模式、提高人才培养质量的重要抓手，进一步推动教学改革，坚持高端引领，促进内涵发展，提升办学质量，为加快培养高水平的技能人才作出新的更大贡献！

2020年11月

工业机器人应用与维护专业一体化教学参考书目录

序号	书名
1	电工基础（第六版）
2	电子技术基础（第六版）
3	机械与电气识图（第四版）
4	机械知识（第六版）
5	电工仪表与测量（第六版）
6	电机与变压器（第六版）
7	安全用电（第六版）
8	电工材料（第五版）
9	可编程序控制器及其应用（三菱）（第四版）
10	可编程序控制器及其应用（西门子）（第二版）
11	电力拖动控制线路与技能训练（第六版）
12	维修电工技能训练（第六版）
13	工业机器人基础
14	工业机器人操作与编程（ABB）
15	工业机器人操作与编程（FANUC）
16	工业机器人安装与调试
17	工业机器人仿真设计（ABB）
18	工业机器人仿真设计（FANUC）
19	工业机器人维护与保养

目　　录

学习任务一　工业机器人工作站日常维护与保养

学习目标

1. 能根据点检表的内容，与班组长沟通，明确工时、工作项目和工作内容的要求。

2. 能根据任务要求，列出维保工具和材料清单，规范填写领用单并进行领用。

3. 能通过查阅相关维保资料，合理使用工具和材料，独立完成工业机器人工作站的检查、清洁、紧固、润滑、检测，对易损件进行合理处理。

4. 在规定时间内完成维保项目，并能参照世界技能大赛现场管理要求清理工作现场。

5. 能按照工业机器人工作站操作规程，把工业机器人设备恢复到正常运行状态。

6. 能及时做好过程记录，正确填写相关表格，交付班组长检查。

7. 能对已完成的工作进行总结和存档。

8. 能现场判断维保工作是否合理，对需要补充的项目提出合理建议。

建议学时

6 学时

工作情境描述

某机械设备制造企业的机加工车间主要加工齿轮轴零件，采用工业机器人自动化搬运工作站进行零件的上下料，该工作站由 1 台 6 轴工业机器人、2 台数控机床、1 套搬运夹具、1 个上料台、1 个下料台和 1 套 PLC 总控制系统组成。根据设备维保手册和企业对设备日常管理的要求，需要在每日生产交接班时对工作站进行维护与保养。生产班组长向操作调整工下达工业机器人搬运工作站日常维护与保养任务并发放点检表，操作调整工需在规定时间内安全规范地完成工业机器人搬运工作站的日常维护与保养。

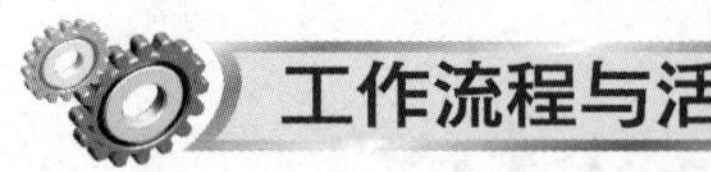

1．明确工作任务（1学时）

2．确定日常维护与保养工作用品（1学时）

3．实施日常维护与保养（3学时）

4．工作总结与评价（1学时）

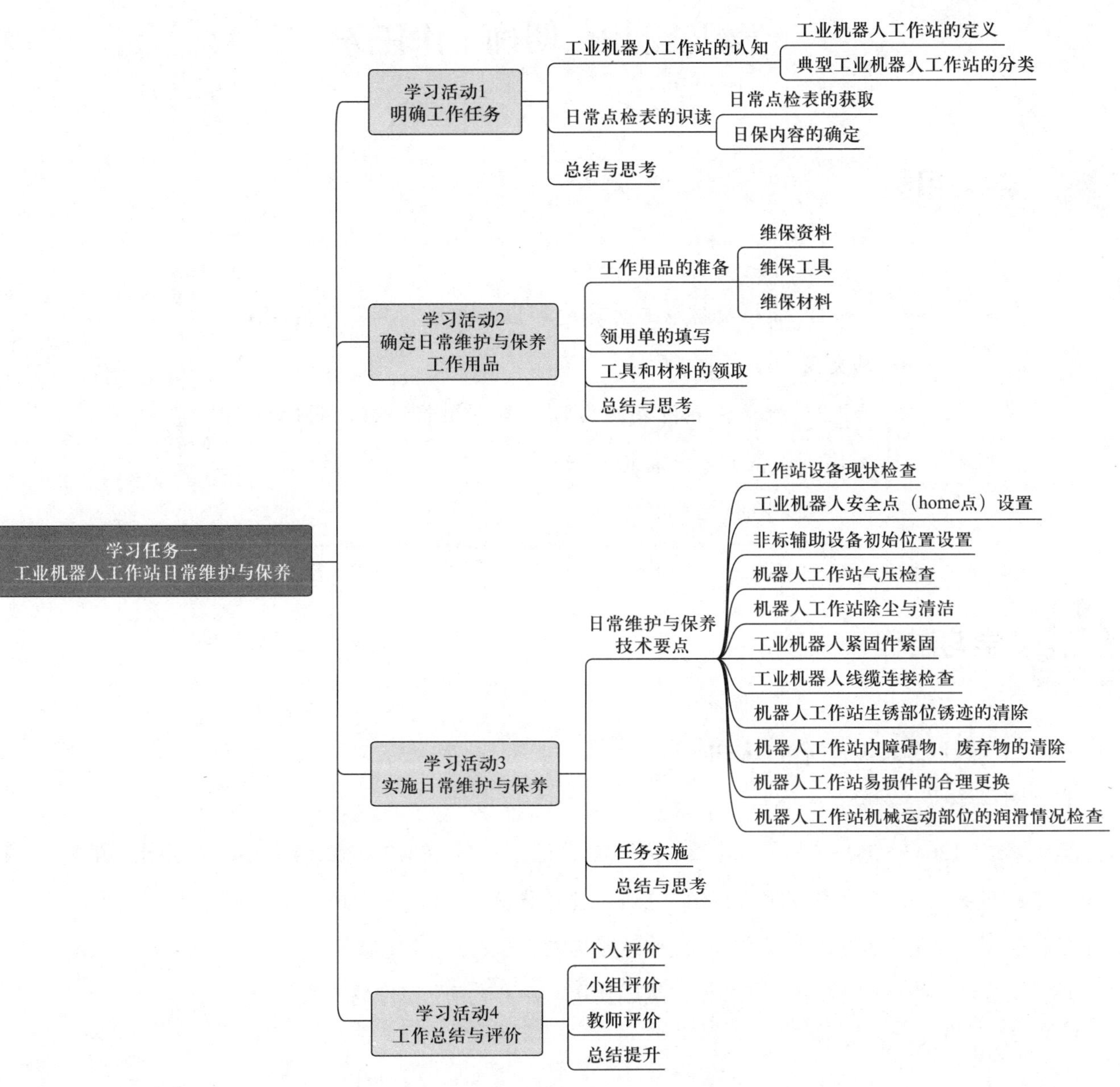
学习任务一
工业机器人工作站日常维护与保养
学习活动1
明确工作任务
工业机器人工作站的认知
工业机器人工作站的定义
典型工业机器人工作站的分类
日常点检表的识读
日常点检表的获取
日保内容的确定
总结与思考
学习活动2
确定日常维护与保养工作用品
工作用品的准备
维保资料
维保工具
维保材料
领用单的填写
工具和材料的领取
总结与思考
学习活动3
实施日常维护与保养
日常维护与保养技术要点
工作站设备现状检查
工业机器人安全点（home点）设置
非标辅助设备初始位置设置
机器人工作站气压检查
机器人工作站除尘与清洁
工业机器人紧固件紧固
工业机器人线缆连接检查
机器人工作站生锈部位锈迹的清除
机器人工作站内障碍物、废弃物的清除
机器人工作站易损件的合理更换
机器人工作站机械运动部位的润滑情况检查
任务实施
总结与思考
学习活动4
工作总结与评价
个人评价
小组评价
教师评价
总结提升

学习活动 1 明确工作任务

学习目标

1. 能根据现场工作环境和设备组成，判断机器人工作站类型。

2. 能根据点检表的内容，与班组长沟通，明确工时、工作项目和工作内容的要求。

建议学时：1 学时

学习过程

一、工业机器人工作站的认知

1．工业机器人工作站的定义

查询 GB/T 12643—2013《机器人与机器人装备 词汇》和 ISO 8373：2012《机器人与机器人设备 – 词汇》可知，工业机器人工作站的定义如下：由（多）工业机器人、（多）末端执行器和为使机器人完成其任务所需的任何机械、设备、装置、外部辅助轴或传感器构成的系统。

请从中提炼出构成工业机器人工作站的构成要素，并简述建立工作站的意义。

2．典型工业机器人工作站的分类

请查阅资料，完成表 1–1–1 中典型工业机器人工作站分类相关内容的填写。

表 1–1–1　典型工业机器人工作站分类

序号	典型工业机器人工作站	名称	组成	功能
1	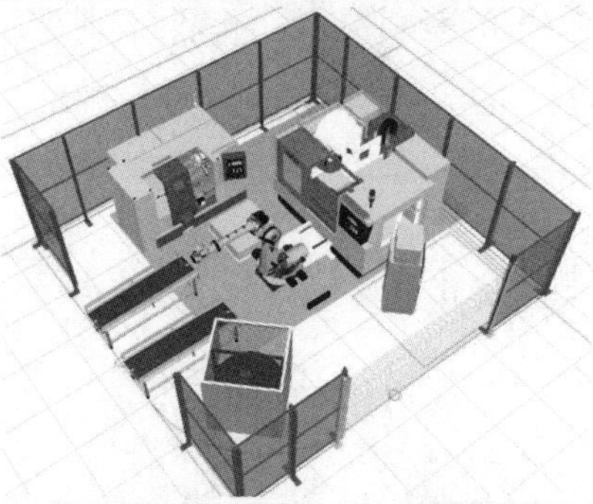			
2	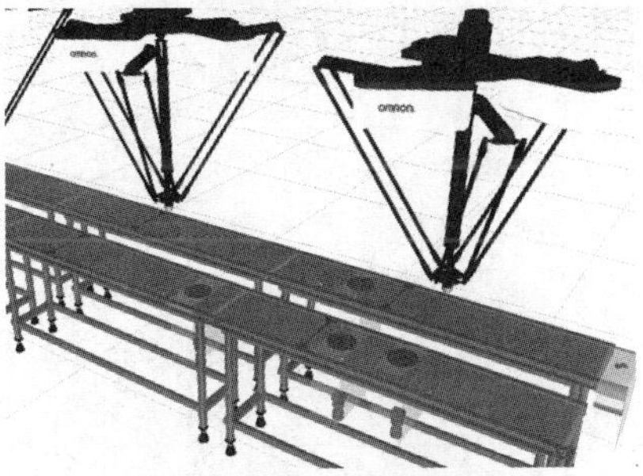			
3	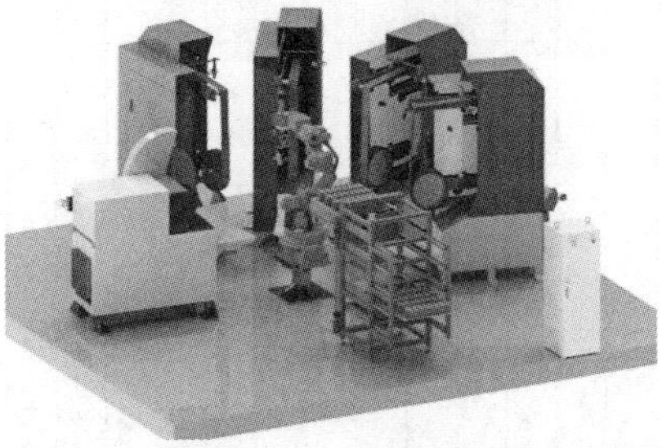			
4	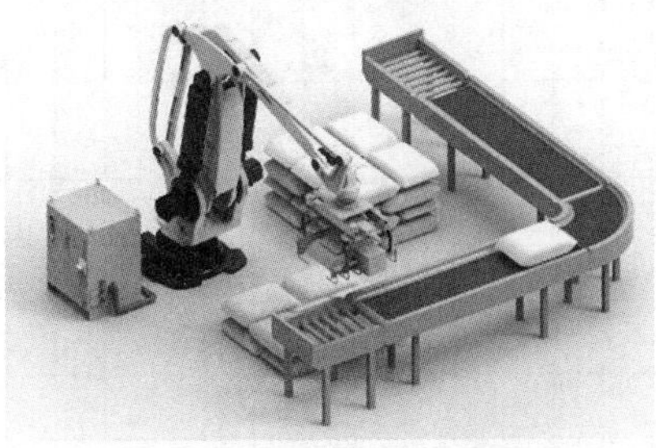			
5				

不同用途的工业机器人工作站囊括了不同的附属设备，作为维护与保养人员，需要具备相应设备的维护、保养知识与技能。工业机器人搬运工作站的维护、保养工作单包含了机器人夹具、传送带等附属设备的检查维护工作内容；工业机器人装配工作站的维护、保养工作单包含了视觉检测系统、机器人夹具、传送带等附属设备的检查维护工作内容；工业机器人焊接工作站的维护、保养工作单包含了第三方焊机、送丝系统、修丝系统、保护气体供气系统、外围防护设备等附属设备的检查维护工作内容。

二、日常点检表的识读

1．日常点检表的获取

操作调整工从生产班组长处领取表 1-1-2 所示机械设备制造企业自动化设备日常点检表，了解工业机器人工作站日常维保项目。

表 1-1-2　　机械设备制造企业自动化设备日常点检表

×× 机械设备制造企业自动化设备日常点检表																																
________设备 202____年______月日常点检表																															设备名称	
																															设备型号	
保养项目		日期																														
		1	2	3	4	5	6	7	8	9	10	11	12	13	14	15	16	17	18	19	20	21	22	23	24	25	26	27	28	29	30	31
点检内容	工作站现状检查																															
	机器人 home 点设置																															
	非标辅助设备初始位置设置																															
	夹具气压检查																															
	除尘和清洁																															
	螺纹紧固件紧固																															
	线缆连接检查																															
	生锈元件除锈																															
	障碍物清除																															
	废弃件清除																															
	易损件更换																															
	运动部位润滑																															
操作调整工（签名）																																

续表

保养项目		日期																														
		1	2	3	4	5	6	7	8	9	10	11	12	13	14	15	16	17	18	19	20	21	22	23	24	25	26	27	28	29	30	31
验收内容	工作站运行是否正常																															
	是否符合现场“6S”管理																															
	是否归还工具、材料																															
	是否按时完成																															
验收人（签名）																																
备注		（1）记录方式：√表示完成，× 表示未完成 （2）本点检表适用于操作调整工对工业机器人自动化搬运工作站进行设备日常交接前的维护与保养，请根据此表相关内容在 1 h 内完成对工作站的维护与保养操作																														

2．日保内容的确定

请按照表 1–1–2 所示内容与班组长进行沟通，逐一列举工业机器人工作站日常点检内容及作业时间限制。

三、总结与思考

工业机器人工作站的日常维护与保养应选择在哪个时间段进行最为适宜？请写出相应理由。

学习活动 2　确定日常维护与保养工作用品

学习目标

1. 能根据日常维护与保养工作内容，列出维保工具和材料清单。

2. 能规范填写工具领用单及材料领用单，并从工具室领取维保工具，从材料室领取材料。

建议学时：1 学时

学习过程

一、工作用品的准备

1．维保资料

请写出进行工业机器人日常维护与保养时，维保人员需要向技术组长领取的相关技术文件资料。

2．维保工具

表 1–2–1 列出了本次维保任务所需工具，请补充相应工具的名称及作用。

表 1–2–1　工业机器人工作站日常维护与保养工具

序号	工具	名称	作用
1		空气喷枪	

续表

序号	工具	名称	作用
2	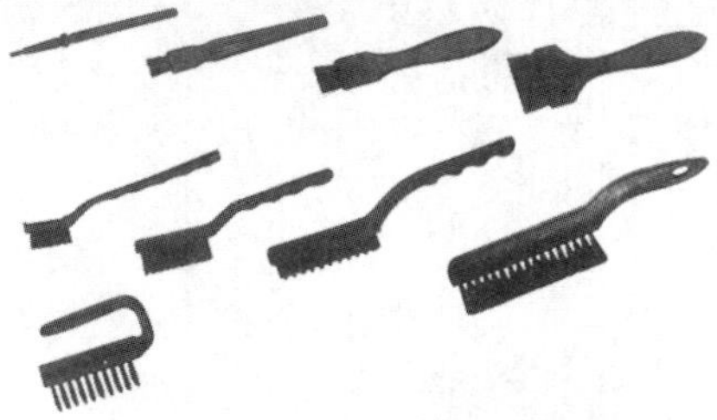		用于除尘并减少静电产生
3	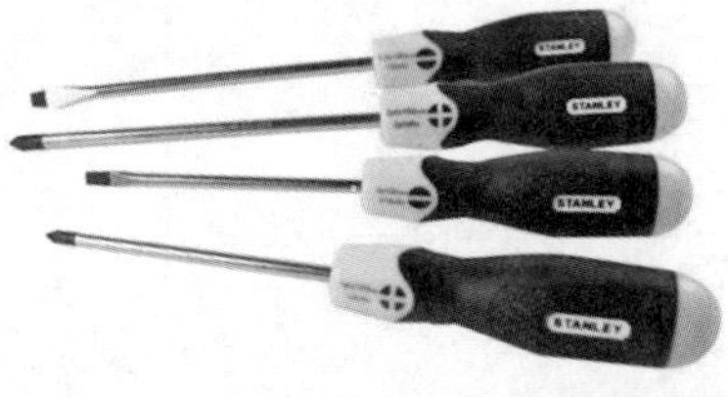		用于紧固螺钉
4	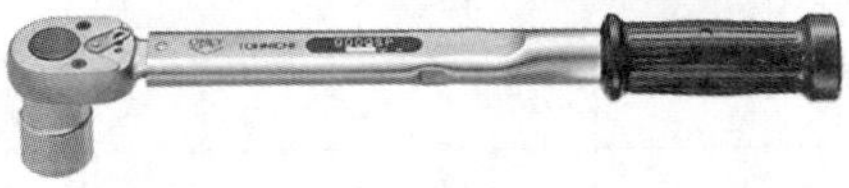	扭力扳手	
5	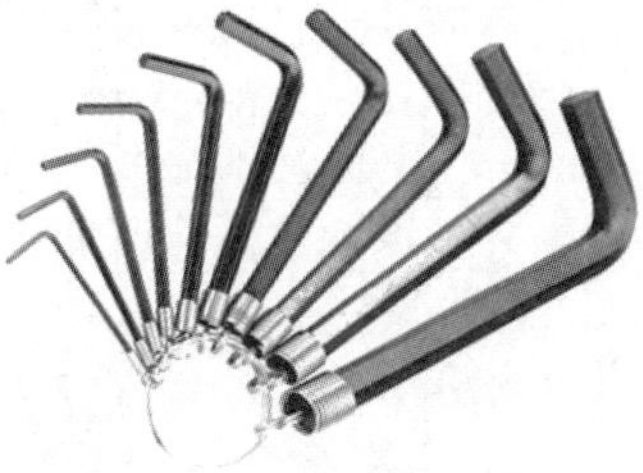		用于紧固螺栓

3．维保材料

表 1-2-2 列出了本次维保任务所需材料，请补充相应材料的名称及作用。

表 1-2-2 工业机器人工作站日常维护与保养材料

序号	材料	名称	作用
1	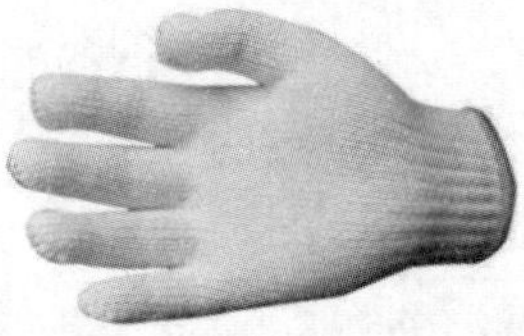		用于手部防护
2		抹布	

续表

序号	材料	名称	作用
3			用于元件表面机械除锈
4	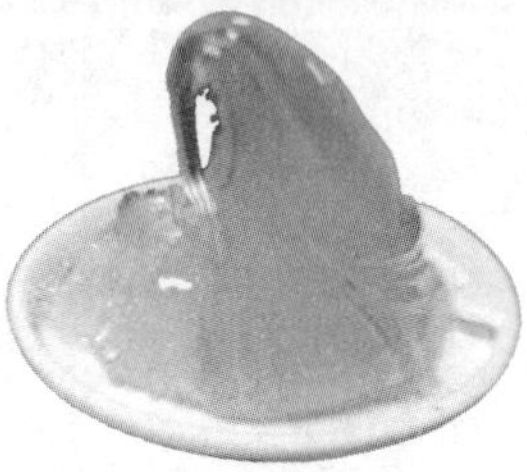		用于工作站非标辅助设备运动部位的润滑
5			用于工作站生锈部位的防锈处理

二、领用单的填写

填写工具领用单及材料领用单，见表 1–2–3 和图 1–2–1。

表 1–2–3　　工具领用单

工具领用单							
时间：　　年　　月　　日							
申请	组别		领用人		组长		
缘由							
核准	技术主管		工程师		库房		
序号	工具名称	型号	规格	数量	单位	实发	备注
1							
2							
3							
4							
5							
6							

续表

序号	工具名称	型号	规格	数量	单位	实发	备注
7							
8							
9							
10							
备注	1. 库房根据工具领用单信息发放工具。 2. 工具领用单归库房存档。 3. 申请工具较多时可另附上详细需求清单，如有资产编号，需填写。						

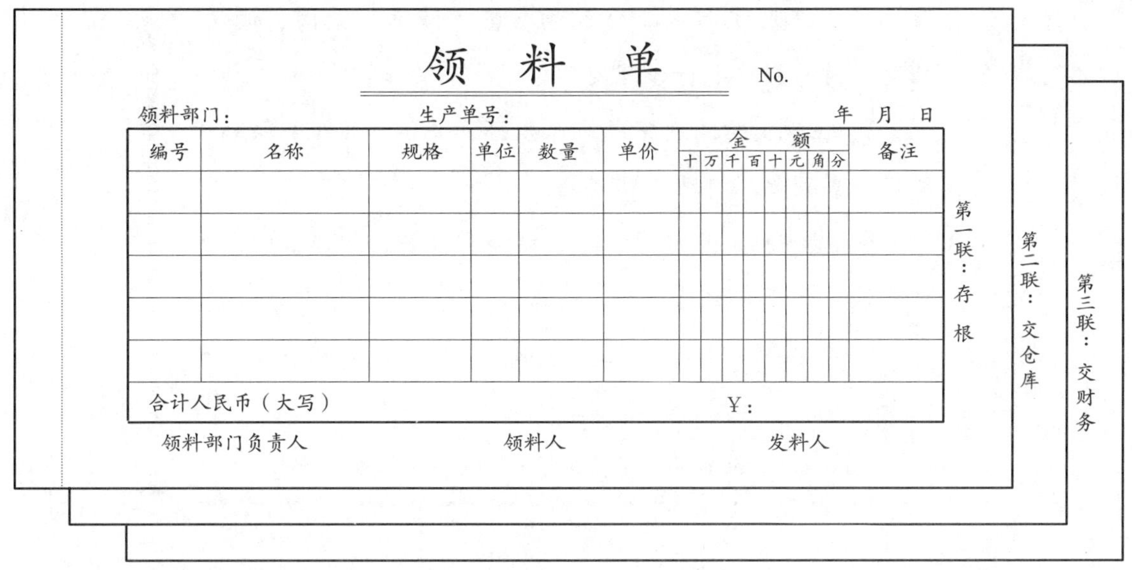

领　料　单　No.

领料部门：　生产单号：　年　月　日

编号	名称	规格	单位	数量	单价	金额								备注
						十	万	千	百	十	元	角	分	
合计人民币（大写）					￥：									

领料部门负责人　领料人　发料人

第一联：存根

第二联：交仓库

第三联：交财务

图 1-2-1　材料领用单

三、工具和材料的领取

按照填好的工具领用单和材料领用单，从工具室领取维保工具，从材料室领取材料。注意检查维保工具和材料型号、规格及质量，确保正确无误。

四、总结与思考

在工具、材料的使用过程中，有哪些注意事项?

学习活动 3　实施日常维护与保养

学习目标

1. 能通过查阅相关维保资料，合理使用工具和材料，独立完成工业机器人工作站的检查、清洁、紧固、润滑、检测，对易损件进行合理处理。

2. 在规定时间内完成维保项目，并能参照世界技能大赛现场管理要求清理工作现场。

3. 能按照工业机器人工作站操作规程，把工业机器人设备恢复到正常运行状态。

4. 能及时做好过程记录，正确填写相关表格，交付班组长检查。

建议学时：3 学时

学习过程

一、日常维护与保养技术要点

1．工作站设备现状检查

在设备现状检查中，既包含对工作站的整体情况检查，也包含对工业机器人本身运行现状的检查。

（1）为了直观地表示工作站当前运行状态，常用信号指示灯的亮灭或闪烁对工作站当前状态进行指示，如图 1–3–1 所示。操作人员或维护人员可通过信号指示灯指示情况对工作站状态进行评估。请写出工作站上的红、绿、黄指示灯灯亮时默认表示的相应设备状态。

图 1–3–1　信号指示灯柱

（2）在机器人工作站上设置了操作按钮，以方便现场运行维护人员进行日常操作。常见的有以下类型的按钮，请补充其作用。

1）启动按钮：

2）停止按钮：

3）急停按钮：

4）复位按钮：

（3）机器人状态确认

当对 FANUC 工业机器人进行现状检查时，可通过示教器顶部的错误显示信息或调出报警界面对机器人状态进行确认，如图 1-3-2 所示。

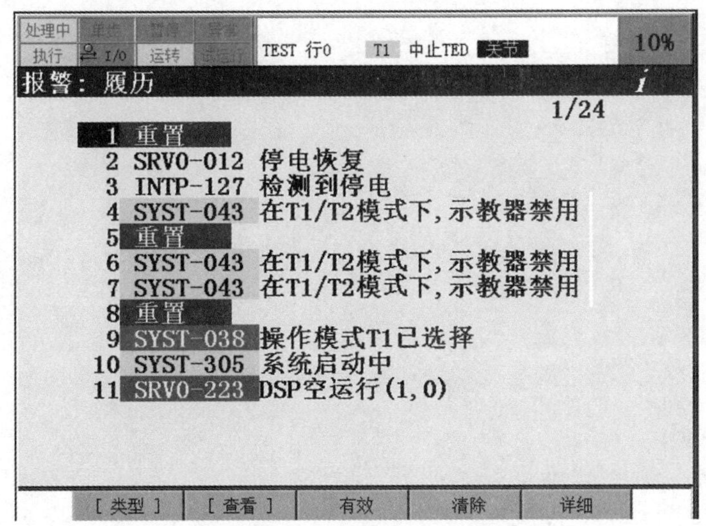

图 1-3-2　示教器报警界面

1）填写调出报警界面的操作步骤。

2）对于出现的提示信息，需对其进行分析研究，将已出现或可能出现的问题进行处理。FANUC 工业机器人的提示信息如图 1-3-3 所示，请补充填写提示信息的格式。

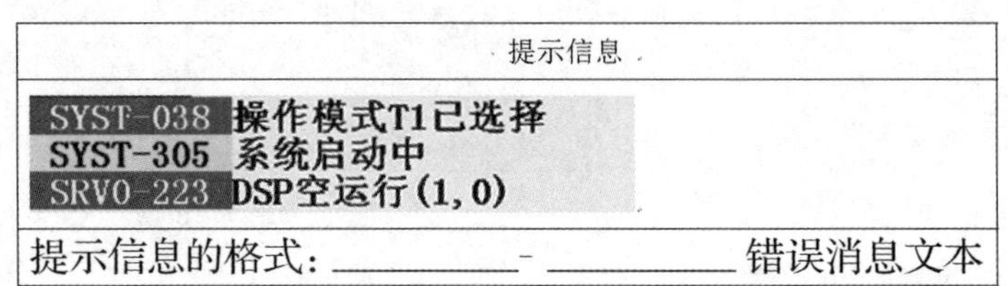

图 1-3-3　FANUC 工业机器人的提示信息

操作者可通过查询相关报警代码列表，确定故障原因并排除故障。请列举 FANUC 工业机器人常见故障代码，写出其代表的故障原因。

2．工业机器人安全点（home 点）设置

（1）查阅资料，简述设置工业机器人 home 点有哪些方面的要求。

（2）操作 FANUC 工业机器人返回 home 点是日常维保任务既定内容，请写出使工业机器人回到 home 点的相关操作方法。

拓展问题：在没有夹取工件和夹取工件两种情况下触发工业机器人返回 home 点有何不同？你能列出工业机器人安全返回 home 点的设置步骤吗？

3．非标辅助设备初始位置设置

在自动化控制领域，往往需要根据客户需求定制非标准类的自动化设备。该类设备是按照企业用户要求量身设计、定制的自动化机械设备，其操作方便、灵活，功能可按用户的要求添加，可更改余地大。

（1）在工业机器人工作站中，除了本体的工业机器人，为完成相应工序，还配套了相应的辅助设备。表 1–3–1 列举了常见的上、下料台工作站辅助设备，请补充其功能。

表 1–3–1　　上、下料台工作站辅助设备

序号	名称	辅助设备图示	功能
1	供料机构	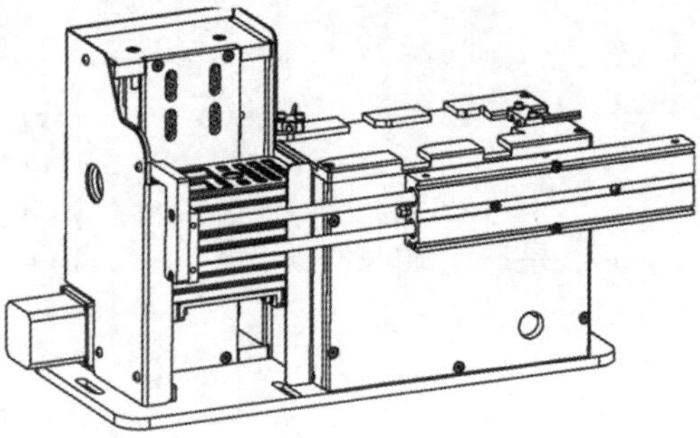	
2	料仓	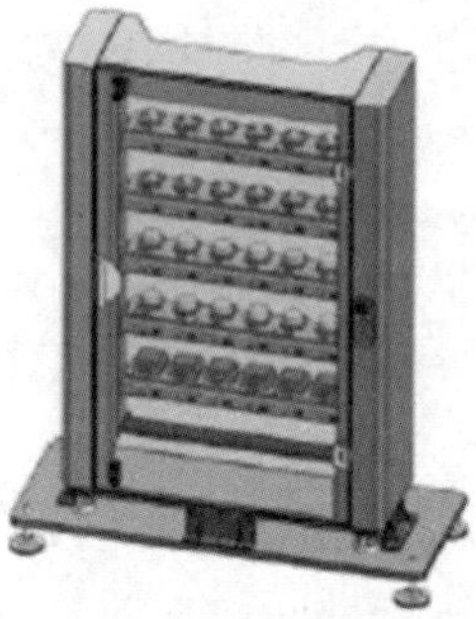	
3	输送单元	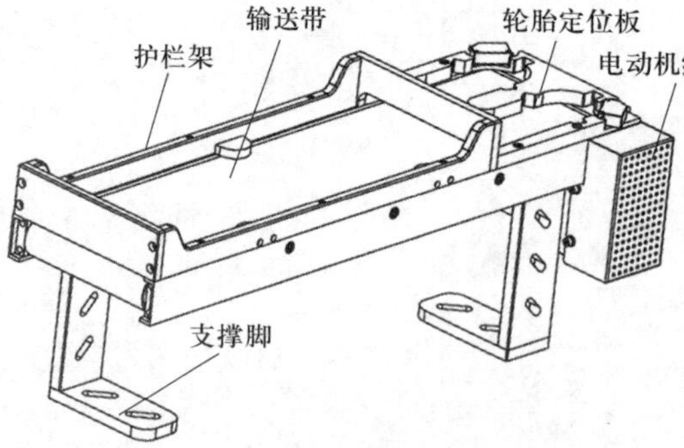	

（2）对于非标辅助设备，在系统复位时，机构的初始位置由传感器进行到位检测。在表 1–3–2 中写出非标辅助设备初始位置调节与设置方法。

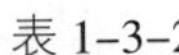

表 1-3-2　　非标辅助设备初始位置调节与设置方法

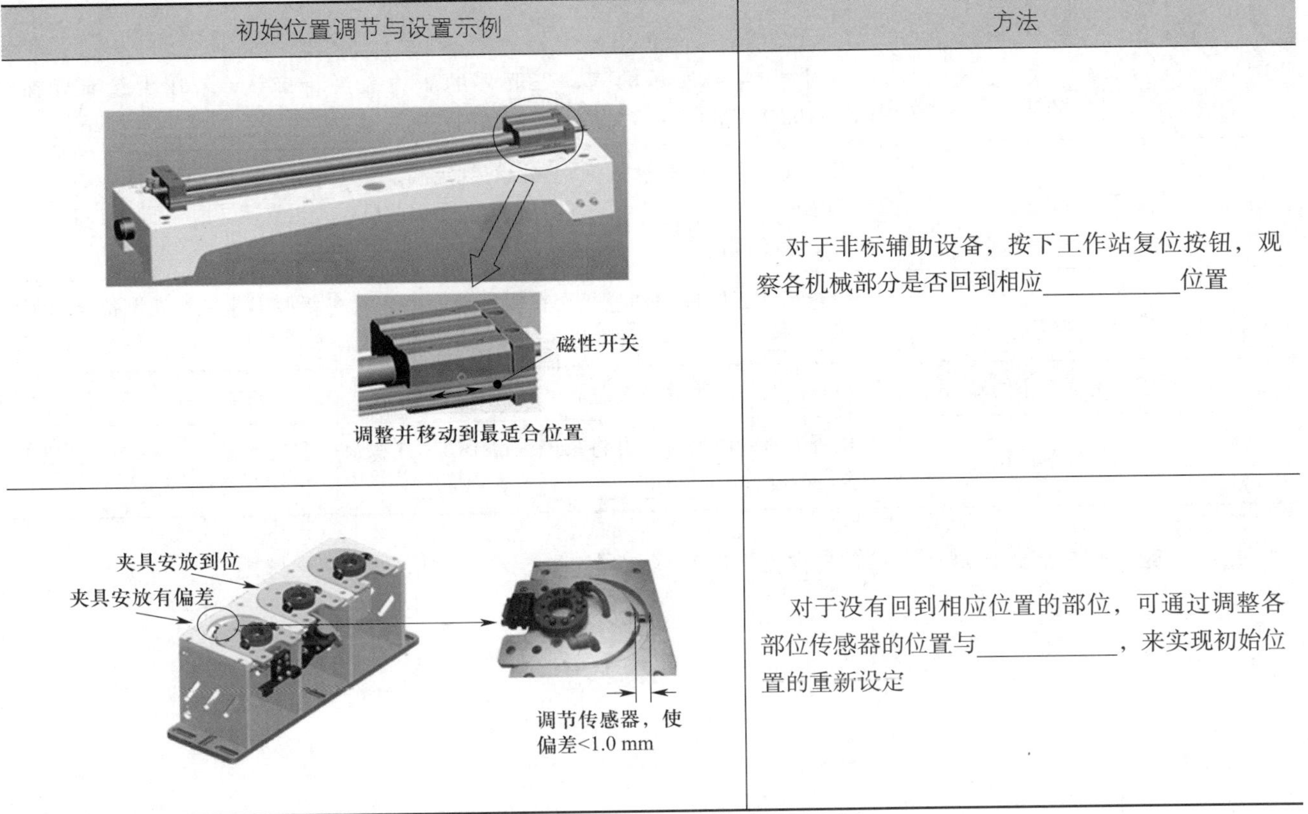

初始位置调节与设置示例	方法
磁性开关 调整并移动到最适合位置	对于非标辅助设备，按下工作站复位按钮，观察各机械部分是否回到相应______位置
夹具安放到位 夹具安放有偏差 调节传感器，使偏差<1.0 mm	对于没有回到相应位置的部位，可通过调整各部位传感器的位置与______，来实现初始位置的重新设定

4．机器人工作站气压检查

（1）对机器人工作站的气压进行检查，可通过观察图 1-3-4 所示的气动三联件及相关旋钮进行判断，并完成表 1-3-3 所示气动系统日常维护点检表的填写工作。

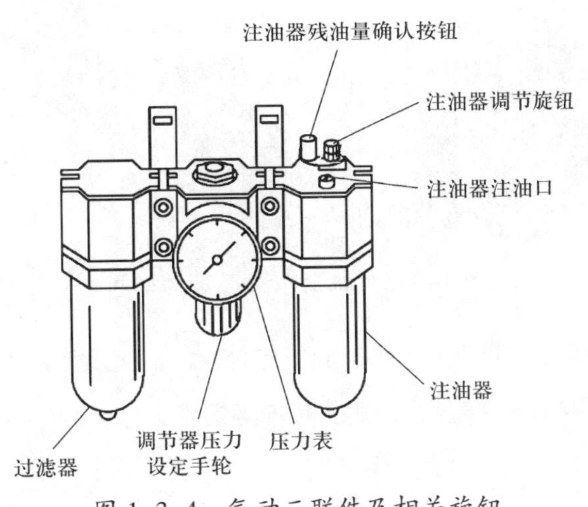

图 1-3-4　气动三联件及相关旋钮

表 1-3-3　气动系统日常维护点检表

序号	检修项目	点检要领
1	气压的确认	通过图 1-3-4 所示的气动三联件的压力表进行确认。若压力没有处在 0.49 ~ 0.69 MPa（5 ~ 7 kgf/cm^2）范围内，则通过________进行调节
2	滴下量的确认	启动气压系统检查滴下量。在没有规定滴下量（每 10 ~ 20 s 内 1 滴）的情况下，通过________进行调节。在工业机器人正常运转情况下，油将会在 10 ~ 20 天内用尽
3	油量的确认	检查气动三联件的油量是否在规定液面内。现在新型工业机器人设备取消了______器，三联件变成了二联件
4	配管有无泄漏的确认	检查接头、软管等是否泄漏。有故障时，进行______或________
5	泄水情况的确认	检查泄水管路情况，并将系统积水排出。在积水过多的情况下，考虑在空气供应源一侧设置________

拓展问题：在每天的日常检查中能否根据有关检修项目推算出补油时间？请写出理由。

（2）对机器人工作站夹具的检查，可通过示教器 I/O 控制或手动调节电磁阀来进行，如图 1-3-5 所示，观察夹具是否能正常夹紧与放松。

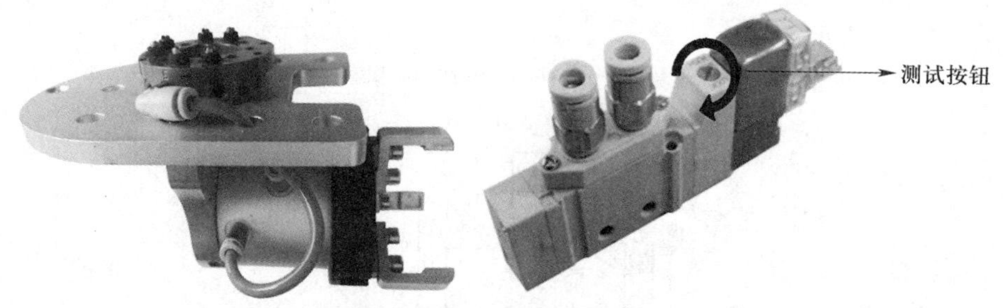

图 1-3-5　机器人夹具及电磁阀

请列举在工业机器人断电情况下调节电磁阀的操作步骤，包括使用什么工具、在电磁阀什么位置可以手动切换阀体、如何测试气路是否畅通、气压是否达到标准等内容。

5．机器人工作站除尘与清洁

使用喷枪、抹布等可对机器人及非标辅助设备进行除尘与清洁。除了需要清洁的部位以及机器人平面部位的尘埃、飞溅物必须清除外，表 1-3-4 所列重要清洁部位需要特别注意，请填写相关部位说明。

表 1-3-4　　重要清洁部位

序号	重要清洁部位图示	部位说明
1	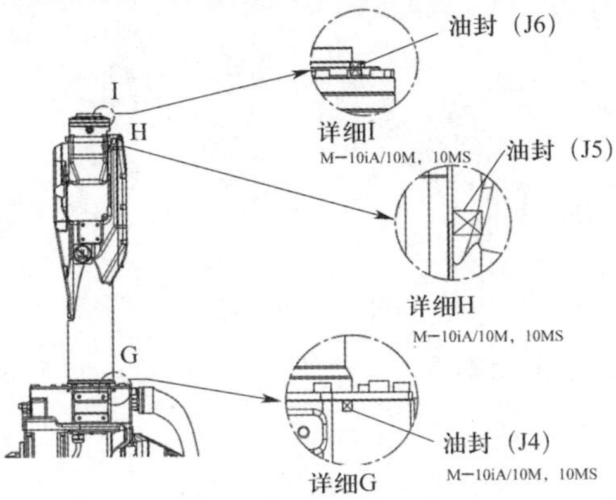 油封（J6） I H 详细I M−10iA/10M，10MS 油封（J5） 详细H M−10iA/10M，10MS G 油封（J4） M−10iA/10M，10MS 详细G	________（切屑和飞溅物卡入油封时，将会导致漏油）
2	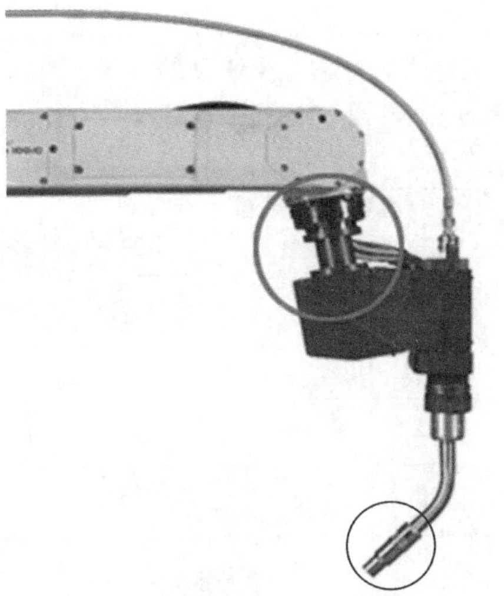	________（积存飞溅物时，会导致绝缘不良，有可能会因焊接电流而损坏机器人机构部位）
3	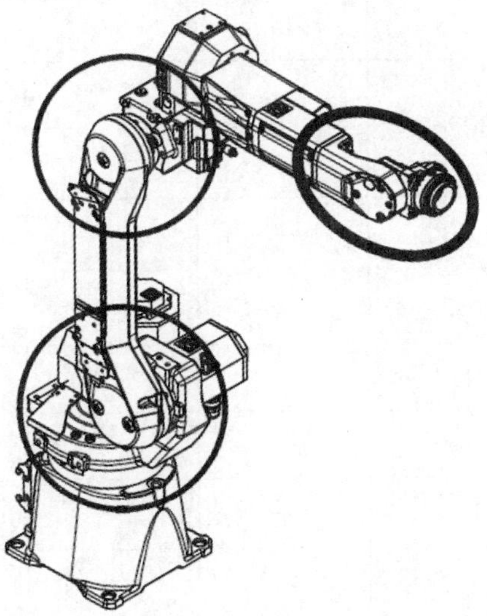	导线管部、手腕轴中空部周边部位

6．工业机器人紧固件紧固

（1）在工作站的紧固件维护任务中，螺栓是否拧得越紧越好？请写明原因。如果螺栓不能拧紧到无法继续振动的程度，使用什么设备检测紧固件的紧固程度是否达到维保手册要求？

（2）查找表 1-3-5 所示 FANUC 工业机器人维保手册附录中的“螺栓拧紧力矩一览表”，并在表格的空白处填上数值。

表 1-3-5　　螺栓拧紧力矩一览表　　N·m

公称值	内六角螺栓（钢）		内六角螺栓（不锈钢）		内六角球头螺栓（钢） 内六角盘头螺栓（钢） 扁平头螺栓（钢）		六角头螺栓（钢）	
	拧紧力矩		拧紧力矩		拧紧力矩		拧紧力矩	
	上限值	下限值	上限值	下限值	上限值	下限值	上限值	下限值
M3	1.8	1.3	0.76	0.53	—	—	—	—
M4	4.0	2.8	1.8	1.3	1.8	1.3	1.7	1.2
M5	7.9	5.6	3.4	2.5	4.0	2.8	3.2	2.3
M6	14	9.6	5.8	4.1	7.9	5.6	5.5	3.8
M8	32	23	14	9.8	14	9.6	13	9.3
M10								
M12	110	78	48	33	—	—	45	31
（M14）	180	130	76	53	—	—	73	51
M16	270	190	120	82	—	—	98	69
（M18）	380	260	160	110	—	—	140	96
M20	530	370	230	160	—	—	190	130
（M22）	730	510	—	—	—	—	—	—
M24	930	650	—	—	—	—	—	—

续表

公称值	内六角螺栓（钢）		内六角螺栓（不锈钢）		内六角球头螺栓（钢） 内六角盘头螺栓（钢） 扁平头螺栓（钢）		六角头螺栓（钢）	
	拧紧力矩		拧紧力矩		拧紧力矩		拧紧力矩	
	上限值	下限值	上限值	下限值	上限值	下限值	上限值	下限值
（M27）	1 400	960	—	—	—	—	—	—
M30	1 800	1 300	—	—	—	—	—	—
M36	3 200	2 300	—	—	—	—	—	—

7．工业机器人线缆连接检查

观察工业机器人机构部位线缆的可动部分，检查线缆、各电动机与配线板的连接情况，填写表 1–3–6 所示线缆连接检查注意事项。

表 1–3–6　　线缆连接检查注意事项

序号	线缆连接图示	检查注意事项
1		经过高温、易损或危险区域的线缆，应有防护措施
2		各线缆应______________，相关防护齐全、可靠
3		线缆应无油污、破损、过热绝缘老化或化学腐蚀受损等

8．机器人工作站生锈部位锈迹的清除

对于机器人工作站、围栏、安全门等设备的生锈部位，使用抹布、砂纸等工具进行除锈，请在表 1–3–7 中填写生锈部位锈迹清除方法。

表 1-3-7　　生锈部位锈迹清除方法

序号	项目	说明
1	除锈操作	使用砂布、________、刮刀、钢丝刷、锤子、凿子等工具，以手工敲铲、________、刮除和扫刷的方法去除锈垢、氧化皮及杂质污物
2	涂覆防锈油	除锈完毕后需要对相应部位进行防锈油的涂覆。在对防锈工件和设备进行表面清洁与干燥后，可根据防锈工件和设备所在场所选择浸涂法、刷涂法或喷涂法进行防锈油的涂覆，涂覆过程中需注意不要对防锈油进行稀释，以免影响防锈效果。按照行业标准《防锈油》（SH/T 0692—2000）规定，防锈油分为五大类，包括除指纹型防锈油、溶剂稀释型防锈油、脂型防锈油、润滑油型防锈油、__________
3	存放要求	对于涂覆完防锈油的工件和设备，放置在室外或运输过程中要有防________和防潮的包装

9．机器人工作站内障碍物、废弃物的清除

如图 1-3-6 所示为车床上下料搬运工作站仿真图。在维保任务结束后，要及时清理位于机器人运动轨迹内的障碍物、废弃物，包括围栏及安全门内与工作站任务无关的部件、耗材、工具等。

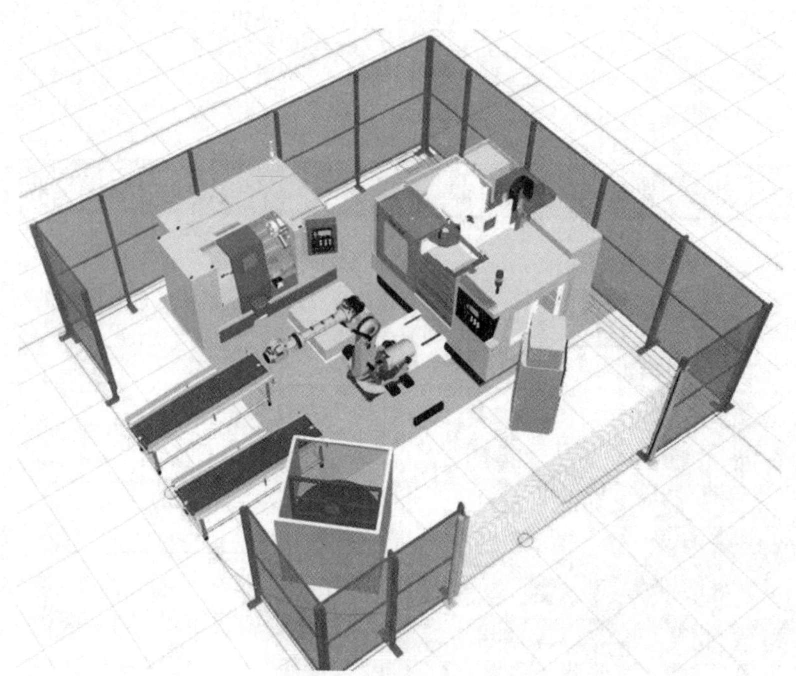

图 1-3-6　车床上下料搬运工作站仿真图

10．机器人工作站易损件的合理更换

（1）传感器属于易损、高故障点器件，要重点检查工作站中的各传感器，防止因传感器污损、松动或失灵等原因引发其他机械动作故障或事故。请填写表 1-3-8 所示传感器检查要点。

表 1-3-8　　传感器检查要点

序号	图示	检查要点
1		检查各传感器外观是否________________
2		检查各传感器动作是否灵敏可靠
3		检查各传感器固定是否________________
4		检查各传感器的引线情况是否整齐良好、无裸露，过渡接头不超过 1 个

（2）工作站中的输出执行器件如电动机、电加热器、继电器或电磁阀等均为易损部件，必须常查重检。请填写表 1-3-9 所示执行器件检查要点。

表 1-3-9　　执行器件检查要点

序号	执行器件检查要点
1	检查执行器件外观是否洁净完好
2	检查执行器件接线是否________________________________
3	检查执行器件工作电流及运行声音是否____________________

11．机器人工作站机械运动部位的润滑情况检查

（1）如图 1-3-7 所示为工作站润滑部位，请写出传动设备维护保养工作中检查润滑油脂是否足量的步骤。

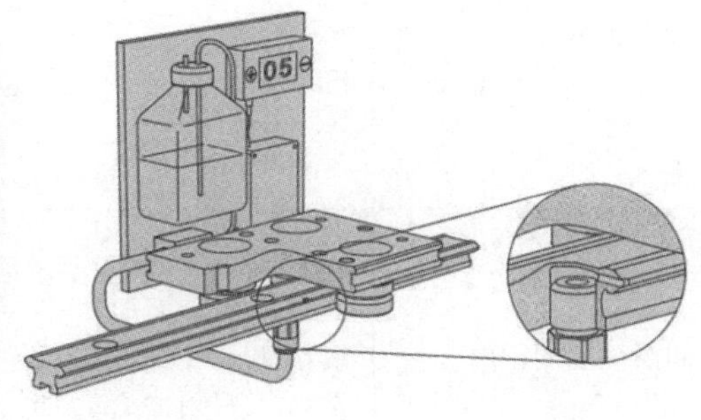

图 1-3-7　工作站润滑部位

（2）请在表 1-3-10 中填写润滑油与润滑脂的区别。

表 1-3-10　润滑油与润滑脂的区别

序号	图示	区别
1		润滑油一般能形成流体，使摩擦的两个表面被油膜完全隔开，减少表面的摩擦和磨损，同时具有__________作用
2		润滑脂能很好地黏附在机械设备摩擦表面上，不容易流失和滑落。特别是在周边温度降低或机械作用逐渐变小的情况下，润滑脂逐渐变稠，因此，选用润滑脂润滑的设备不需要经常补充添加润滑脂，且具有一定的__________作用

思考问题：请查阅 FANUC 工业机器人维保手册，分析型号为 M-10iA 的工业机器人和型号为 200ic 的工业机器人不同关节轴的润滑介质应选用润滑油还是润滑脂。

（3）请在表 1-3-11 中填写润滑油脂的使用注意事项。

表 1-3-11　润滑油脂的使用要求

序号	项目	使用注意事项
1	润滑油脂的存放	盛放或添加油脂时，容器必须专用，严禁不同品牌油脂______、______，严禁新油脂和旧油脂混装。盛油脂的容器必须严格密封，不得敞口存放，内部及容器口周围应清洁，防止杂物进入
2	润滑油脂的添加	对设备添加油脂或更换油脂需使用专用工具，如漏斗、过滤网、抽油脂器。对设备添加油脂前，要对设备加油脂部位周围进行清理，严禁__________。要事先准备漏斗，漏斗里安设过滤网，防止杂物进入存放油脂的容器

二、任务实施

1．在实施工业机器人工作站日常维护与保养前，需穿戴安全防护用品，遵循安全操作规范。请列出本次维保任务实施过程中所需穿戴的安全防护用品，并简述其作用。

2．请根据日常点检表的内容，完成工业机器人工作站的相关点检内容并恢复机器人工作站使用，同时在表 1–3–12 中相应栏目进行记录。

表 1–3–12　　　　机械设备制造企业自动化设备日常点检表

××机械设备制造企业自动化设备日常点检表																																
________设备 202____年___月日常点检表																											设备名称					
																											设备型号					
保养项目		日期																														
		1	2	3	4	5	6	7	8	9	10	11	12	13	14	15	16	17	18	19	20	21	22	23	24	25	26	27	28	29	30	31
点检内容	工作站现状检查																															
	机器人 home 点设置																															
	非标辅助设备初始位置设置																															
	夹具气压检查																															
	除尘和清洁																															
	螺纹紧固件紧固																															
	线缆连接检查																															
	生锈元件除锈																															
	障碍物清除																															
	废弃件清除																															
	易损件更换																															

续表

<table>
<tr><td colspan="2" rowspan="2">保养项目</td><td colspan="31">日期</td></tr>
<tr><td>1</td><td>2</td><td>3</td><td>4</td><td>5</td><td>6</td><td>7</td><td>8</td><td>9</td><td>10</td><td>11</td><td>12</td><td>13</td><td>14</td><td>15</td><td>16</td><td>17</td><td>18</td><td>19</td><td>20</td><td>21</td><td>22</td><td>23</td><td>24</td><td>25</td><td>26</td><td>27</td><td>28</td><td>29</td><td>30</td><td>31</td></tr>
<tr><td>点检内容</td><td>运动部位润滑</td><td></td><td></td><td></td><td></td><td></td><td></td><td></td><td></td><td></td><td></td><td></td><td></td><td></td><td></td><td></td><td></td><td></td><td></td><td></td><td></td><td></td><td></td><td></td><td></td><td></td><td></td><td></td><td></td><td></td><td></td><td></td></tr>
<tr><td colspan="2">操作调整工
（签名）</td><td></td><td></td><td></td><td></td><td></td><td></td><td></td><td></td><td></td><td></td><td></td><td></td><td></td><td></td><td></td><td></td><td></td><td></td><td></td><td></td><td></td><td></td><td></td><td></td><td></td><td></td><td></td><td></td><td></td><td></td><td></td></tr>
<tr><td rowspan="5">验收内容</td><td>工作站运行是否正常</td><td></td><td></td><td></td><td></td><td></td><td></td><td></td><td></td><td></td><td></td><td></td><td></td><td></td><td></td><td></td><td></td><td></td><td></td><td></td><td></td><td></td><td></td><td></td><td></td><td></td><td></td><td></td><td></td><td></td><td></td><td></td></tr>
<tr><td>是否符合现场“6S”管理</td><td></td><td></td><td></td><td></td><td></td><td></td><td></td><td></td><td></td><td></td><td></td><td></td><td></td><td></td><td></td><td></td><td></td><td></td><td></td><td></td><td></td><td></td><td></td><td></td><td></td><td></td><td></td><td></td><td></td><td></td><td></td></tr>
<tr><td>是否归还工具、材料</td><td></td><td></td><td></td><td></td><td></td><td></td><td></td><td></td><td></td><td></td><td></td><td></td><td></td><td></td><td></td><td></td><td></td><td></td><td></td><td></td><td></td><td></td><td></td><td></td><td></td><td></td><td></td><td></td><td></td><td></td><td></td></tr>
<tr><td>是否按时完成</td><td></td><td></td><td></td><td></td><td></td><td></td><td></td><td></td><td></td><td></td><td></td><td></td><td></td><td></td><td></td><td></td><td></td><td></td><td></td><td></td><td></td><td></td><td></td><td></td><td></td><td></td><td></td><td></td><td></td><td></td><td></td></tr>
<tr><td>验收人（签名）</td><td></td><td></td><td></td><td></td><td></td><td></td><td></td><td></td><td></td><td></td><td></td><td></td><td></td><td></td><td></td><td></td><td></td><td></td><td></td><td></td><td></td><td></td><td></td><td></td><td></td><td></td><td></td><td></td><td></td><td></td><td></td></tr>
<tr><td colspan="2">备注</td><td colspan="31">（1）记录方式：√表示完成；× 表示未完成
（2）本点检表适用于操作调整工对工业机器人自动化搬运工作站进行设备日常交接前的维护与保养，请根据此表相关内容在 1 h 内完成对工作站的维护与保养操作</td></tr>
</table>

3．在维保实施过程中，通过表 1–3–13 所示机器人工作站日常维保过程记录表及时记录所遇到的问题及解决的方法等内容，便于后期归档总结。

表 1–3–13　　机器人工作站日常维保过程记录表

<table>
<tr><td colspan="2">日常维保过程记录表</td></tr>
<tr><td>所遇到的问题</td><td>解决的方法</td></tr>
<tr><td></td><td></td></tr>
</table>

4．请补充将机器人工作站恢复为正常运行状态的操作步骤，见表 1-3-14。

表 1-3-14　将机器人工作站恢复为正常运行状态的操作步骤

序号	图示	操作步骤
1	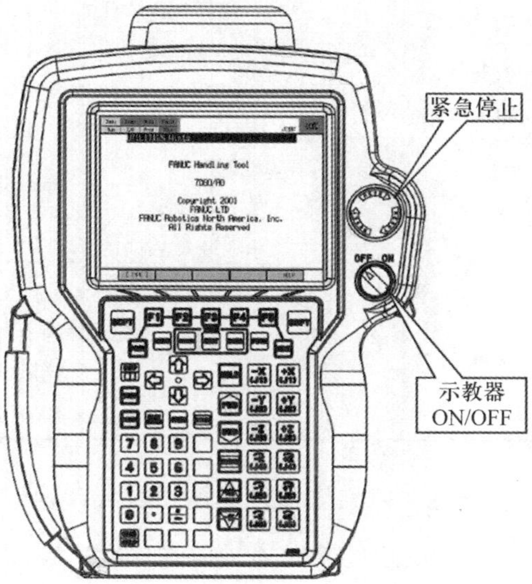 紧急停止 示教器 ON/OFF	将示教器 ON/OFF 开关设置为________
2	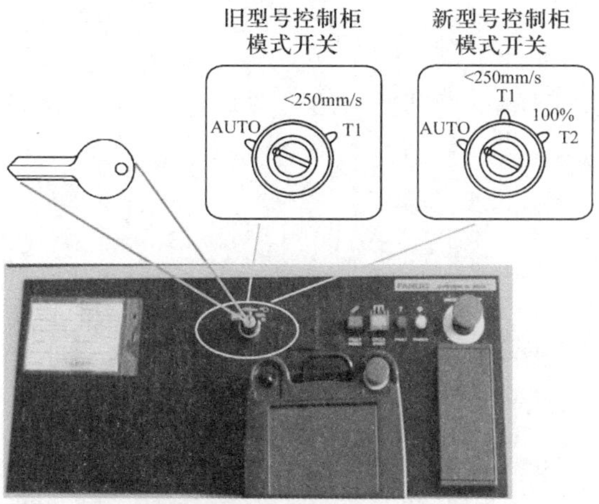 旧型号控制柜模式开关 <250mm/s AUTO T1 新型号控制柜模式开关 <250mm/s T1 100% AUTO T2	将机器人本体控制柜模式开关设置为 AUTO
3	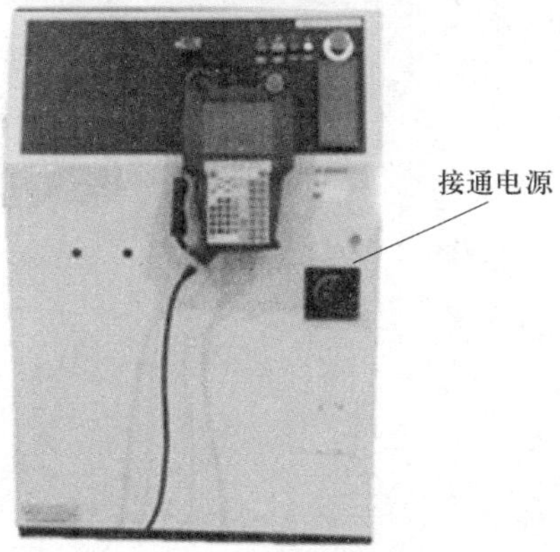 接通电源	接通机器人本体控制柜电源

续表

序号	图示	操作步骤
4		接通外围设备控制柜电源
5		按下系统________按钮，等待复位完成
6		按下系统________按钮，完成工作站正常运行状态恢复

5．完成日常维保作业后，填写机械设备制造企业自动化设备日常点检表，确认无误后运行机器人工作站，使工作站恢复到正常运行状态。之后参照世界技能大赛现场管理要求，清理工作现场，并归还工具及材料。

三、总结与思考

针对不同类型的机器人工作站，如打磨工作站、视觉分拣工作站，试着列出完成其日常维保任务的异同点。

学习活动 4　工作总结与评价

学习目标

1. 能按分组情况，分别派代表展示工作成果，说明本次任务的完成情况，并进行分析、总结。

2. 能结合自身任务完成情况，正确、规范地撰写工作总结（心得体会）。

3. 能就本次任务中出现的问题提出改进措施。

4. 能对学习与工作进行反思、总结，并能与他人开展良好合作，进行有效沟通。

建议学时：1 学时

学习过程

一、个人评价

按表 1-4-1 所列评分标准进行个人综合评价。

表 1-4-1　　个人综合评价表

项目	序号	技术要点	配分	评分标准	得分
工具的使用（20%）	1	空气喷枪的使用	5	不正确、不合理不得分	
	2	静电刷子的使用	5	不正确、不合理不得分	
	3	旋具的使用	5	不正确、不合理不得分	
	4	扭力扳手的使用	5	不正确、不合理不得分	
材料的选用（12%）	5	砂纸的选用	4	不合格每处扣 1 分	
	6	防锈剂的选用	4	不合格每处扣 1 分	
	7	润滑油、润滑脂的选用	4	不合格每处扣 1 分	
日保质量（58%）	8	设备现状检查	5	操作错误不得分	

续表

项目	序号	技术要点	配分	评分标准	得分
日保质量（58%）	9	机器人 home 点设置	5	设置不合理不得分	
	10	工作站气压检查	5	气压不合理不得分	
	11	工作站除尘与清洁	5	相应位置不清洁不得分	
	12	工作站紧固	5	操作错误不得分	
	13	工作站线缆连接	5	操作错误不得分	
	14	工作站除锈	6	操作错误不得分	
	15	工作站障碍物清除	5	清除不完整不得分	
	16	工作站易损件更换	5	未更换不得分	
	17	工作站润滑	6	未润滑不得分	
	18	工作站恢复	6	不能恢复工作不得分	
安全文明生产（10%）	19	安全操作	5	不按安全操作规程操作不得分	
	20	工位清理	5	不合格不得分	
总得分					

二、小组评价

以小组为单位，选择演示文稿、展板、海报、视频等形式中的一种或几种，向全班展示、汇报制作成果。在展示的过程中，以小组为单位进行评价；评价完成后，根据其他小组成员对本组展示成果的评价意见进行归纳、总结。

三、教师评价

认真听取教师对本小组展示成果优缺点以及在完成任务过程中出现的亮点和不足的评价意见，并做好记录。

1．教师对本小组展示成果优点的点评。

2．教师对本小组展示成果的缺点及改进方法的点评。

3．教师对本小组在整个任务完成过程中出现的亮点和不足的点评。

四、总结提升

结合自身任务完成情况，通过交流讨论等方式较全面规范地撰写本次任务的工作总结。

评价与分析

按照“客观、公正和公平”原则，在教师的指导下按自我评价（自评）、小组评价（互评）和教师评价（师评）三种方式对自己或他人在本学习任务中的表现进行综合评价。综合等级按 A（100 ~ 90）、B（89 ~ 75）、C（74 ~ 60）、D（59 ~ 0）四个级别进行填写，见表 1-4-2。

表 1-4-2　学习任务综合评价表

考核项目	评价内容	配分	评价分数		
			自评	互评	师评
职业素养	安全防护用品穿戴整洁，仪容、仪表符合工作要求	5 分			
	安全意识、责任意识、服从意识强	6 分			
	积极参加教学活动，按时完成各种学习任务	6 分			
	团队合作意识强，善于与人交流和沟通	6 分			
	自觉遵守劳动纪律，尊重师长、团结同学	6 分			
	爱护公物、节约材料，管理现场符合“6S”标准	6 分			
专业能力	专业知识查找及时、准确，有较强的自学能力	10 分			
	操作积极、训练刻苦，具有一定的动手能力	15 分			
	技能操作规范、注重维保工艺，工作效率高	10 分			
工作成果	日常维保符合工艺规范，功能满足要求	20 分			
	工作总结符合要求，展示成果制作质量高	10 分			
总分		100 分			
总评	自评 ×20%+ 互评 ×20%+ 师评 ×60%=	综合等级	教师（签名）：		

世赛知识

世界技能大赛参赛选手要求

在世界技能大赛的舞台上，年轻人担当主角。世界技能组织规定，绝大多数参赛选手年龄在大赛当年不得超过 22 周岁，如果特殊的技能竞赛项目需要放宽年龄限制为不大于 25 岁，则必须经专家提议、竞赛委员会同意并在赛前 12 个月召开的全体大会上获批后方可执行。目前，获准放宽年龄限制的项目有信息网络布线、机电一体化、制造团队挑战赛和飞机维修，在大赛当年这 4 个项目参赛选手的年龄不得超过 25 周岁。

世界技能大赛对所有符合年龄要求的年轻人“敞开大门”，没有任何在职或者在学等身份的限制。

世界技能组织规定，每个成员在每个技能竞赛项目中可选派 1 名（组）选手参赛。每名选手只能参加一个项目的比赛，且只能参加一届世界技能大赛。

在世界技能大赛的竞赛项目中，有的是个人参赛项目，有的是团队参赛项目。目前，制造团队挑战赛项目的每一参赛组由 3 名选手组成；机电一体化、园艺、移动机器人、混凝土建筑、网络信息安全这 5 个项目的每一参赛组由 2 名选手组成。

作为第 46 届世界技能大赛新增赛项，机器人系统集成赛项将由 2 名选手组成一组参赛队，参赛选手年龄不得超过 25 周岁。下图所示为中国选手参加第 45 届世界技能大赛开幕式。

中国选手参加第 45 届世界技能大赛开幕式

学习任务二　工业机器人工作站月度维护与保养

1. 能读懂月度维保卡，并与班组长沟通，明确工时、工作项目和工作内容的要求。

2. 能根据月度维保卡，从档案室调取机器人工作站维保资料，包括设备维保手册、机器人操作说明书、视觉系统说明书、机器人视觉装配工作站使用说明书和机器人运行情况月度记录表等。

3. 能查阅维保资料和运行情况月度记录表，观察现场设备使用情况，明确工业机器人工作站月度维保工作内容。

4. 能根据月度维保工作内容，通过小组合作方式，制定工业机器人视觉装配工作站月度维保作业流程。

5. 能根据月度维保工作内容，列出维保工具和材料清单，规范填写领用单并进行领用。

6. 能按照工业机器人工作站月度维保作业流程及规范，以小组合作方式，使用专用维保工具和材料，对工业机器人、视觉系统及非标辅助设备进行检查、清洁和润滑，对易损件进行更换或调整作业。

7. 在规定时间内完成月度维保项目，并能参照世界技能大赛现场管理要求清理工作现场。

8. 月度维保作业完成后，能根据月度维保卡的内容，对工作站进行自检。

9. 自检合格后，能操作工业机器人设备，使工作站恢复到正常运行状态。

10. 能及时做好过程记录，正确填写相关表格，交付班组长检查。

11. 能对已完成的工作进行总结和存档。

12. 能现场判断维保工作是否合理，对需要补充的项目提出合理建议。

18 学时

工作情境描述

某电机制造有限公司引进了一套工业机器人视觉装配工作站，负责空调压缩机电机编码器电路板的装配。该工作站由1台6轴工业机器人、1个装配台、1套组合搬运夹具、1个上料台、1个下料台、1套视觉系统和1套PLC总控系统组成。根据设备维保手册和公司对设备的管理要求，结合上月的设备运行情况及本月的生产计划，需要公司设备保全部在每月中旬利用非生产时间对设备进行维护与保养。设备维修班组长向操作调整工下达月度维护与保养任务，操作调整工需在规定时间内安全规范地完成工业机器人视觉装配工作站的月度维护与保养。

工作流程与活动

1. 明确工作任务，制定月度维保作业流程（4学时）
2. 确定月度维护与保养工作用品（2学时）
3. 实施月度维护与保养（10学时）
4. 工作总结与评价（2学时）

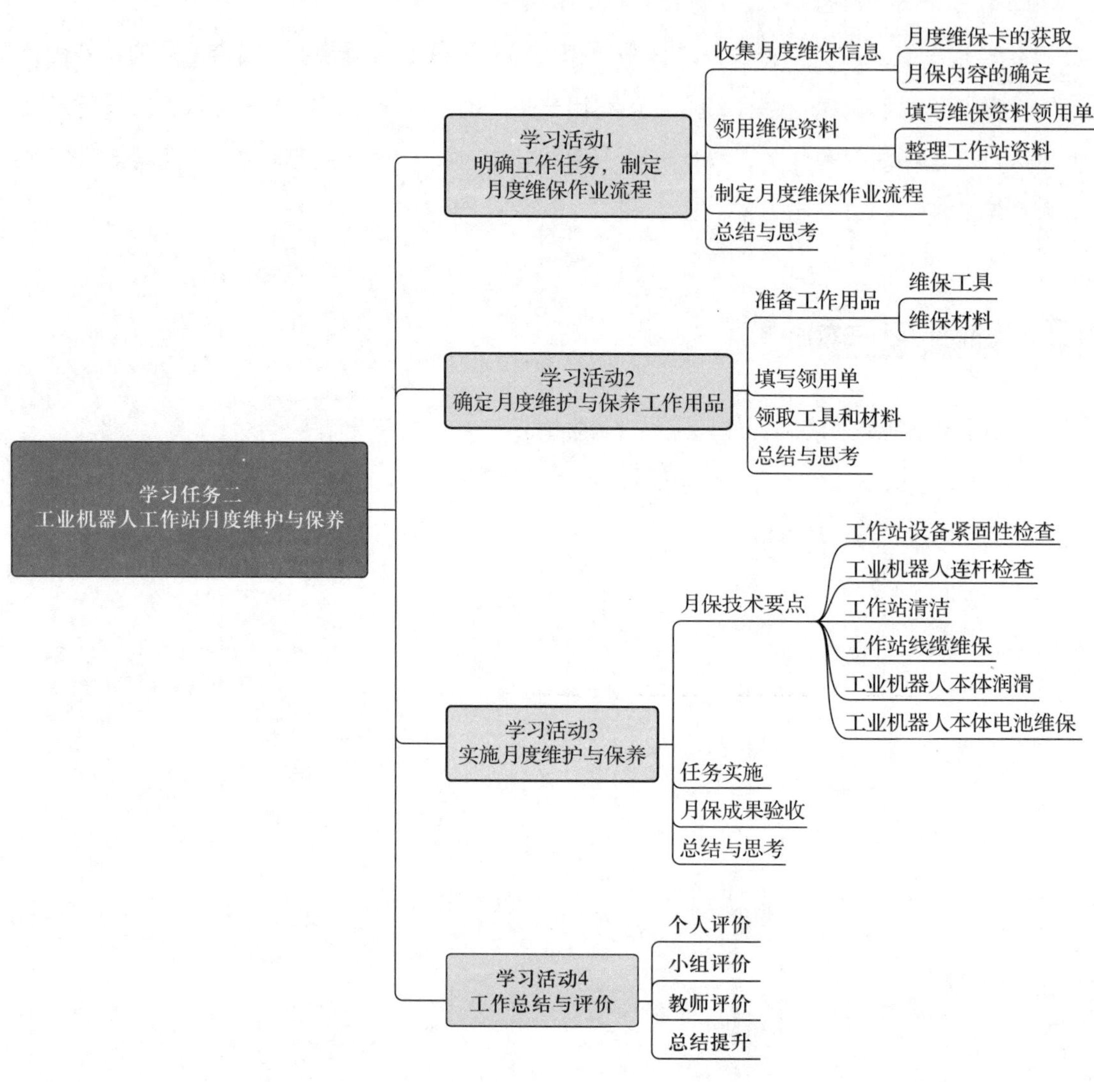
学习任务二
工业机器人工作站月度维护与保养
学习活动1
明确工作任务，制定
月度维保作业流程
收集月度维保信息
月度维保卡的获取
月保内容的确定
领用维保资料
填写维保资料领用单
整理工作站资料
制定月度维保作业流程
总结与思考
学习活动2
确定月度维护与保养工作用品
准备工作用品
维保工具
维保材料
填写领用单
领取工具和材料
总结与思考
学习活动3
实施月度维护与保养
月保技术要点
工作站设备紧固性检查
工业机器人连杆检查
工作站清洁
工作站线缆维保
工业机器人本体润滑
工业机器人本体电池维保
任务实施
月保成果验收
总结与思考
学习活动4
工作总结与评价
个人评价
小组评价
教师评价
总结提升

学习活动 1　明确工作任务，制定月度维保作业流程

学习目标

1. 能根据现场工作环境和设备组成，了解工业机器人工作站的组成和工作原理。

2. 能读懂月度维保卡，并与班组长沟通，明确工时、工作项目和工作内容的要求。

3. 能根据月度维保卡，从档案室调取机器人视觉装配工作站维保资料，包括设备维保手册、机器人操作说明书、视觉系统说明书、机器人视觉装配工作站使用说明书和机器人运行情况月度记录表等。

4. 能查阅维保资料和运行情况月度记录表，观察现场设备使用情况，明确工业机器人视觉装配工作站月度维保工作内容。

5. 能根据月度维保工作内容，通过小组合作方式，制定工业机器人视觉装配工作站月度维保作业流程。

建议学时：4 学时

学习过程

一、收集月度维保信息

1．月度维保卡的获取

操作调整工从设备维修班组长处领取表 2–1–1 所示月度维保卡，了解工业机器人工作站月度维保项目。

表 2–1–1　　某电机制造有限公司自动化设备月度维保卡

<table>
<tr><th colspan="15">×× 电机制造有限公司月度维保卡</th></tr>
<tr><td colspan="2">设备名称</td><td></td><td colspan="12" rowspan="2">________设备 202___年月度维保卡</td></tr>
<tr><td colspan="2">设备型号</td><td></td></tr>
<tr><th colspan="3">保养项目</th><th>1 月</th><th>2 月</th><th>3 月</th><th>4 月</th><th>5 月</th><th>6 月</th><th>7 月</th><th>8 月</th><th>9 月</th><th>10 月</th><th>11 月</th><th>12 月</th></tr>
<tr><td colspan="2" rowspan="3">每次使用时</td><td>清洗设备，将杂物清理干净</td><td></td><td></td><td></td><td></td><td></td><td></td><td></td><td></td><td></td><td></td><td></td><td></td></tr>
<tr><td>检查机器电路是否正常，若电路不正常，通知班组长处理</td><td></td><td></td><td></td><td></td><td></td><td></td><td></td><td></td><td></td><td></td><td></td><td></td></tr>
<tr><td>确认吸盘气压是否正常</td><td></td><td></td><td></td><td></td><td></td><td></td><td></td><td></td><td></td><td></td><td></td><td></td></tr>
<tr><td rowspan="14">月保养</td><td rowspan="7">机器人本体</td><td></td><td></td><td></td><td></td><td></td><td></td><td></td><td></td><td></td><td></td><td></td><td></td><td></td></tr>
<tr><td></td><td></td><td></td><td></td><td></td><td></td><td></td><td></td><td></td><td></td><td></td><td></td><td></td></tr>
<tr><td></td><td></td><td></td><td></td><td></td><td></td><td></td><td></td><td></td><td></td><td></td><td></td><td></td></tr>
<tr><td></td><td></td><td></td><td></td><td></td><td></td><td></td><td></td><td></td><td></td><td></td><td></td><td></td></tr>
<tr><td></td><td></td><td></td><td></td><td></td><td></td><td></td><td></td><td></td><td></td><td></td><td></td><td></td></tr>
<tr><td></td><td></td><td></td><td></td><td></td><td></td><td></td><td></td><td></td><td></td><td></td><td></td><td></td></tr>
<tr><td></td><td></td><td></td><td></td><td></td><td></td><td></td><td></td><td></td><td></td><td></td><td></td><td></td></tr>
<tr><td>机器人控制柜</td><td>系统散热部位的检修</td><td></td><td></td><td></td><td></td><td></td><td></td><td></td><td></td><td></td><td></td><td></td><td></td></tr>
<tr><td rowspan="2">视觉系统</td><td>视觉系统线缆的检修</td><td></td><td></td><td></td><td></td><td></td><td></td><td></td><td></td><td></td><td></td><td></td><td></td></tr>
<tr><td>相机的检修</td><td></td><td></td><td></td><td></td><td></td><td></td><td></td><td></td><td></td><td></td><td></td><td></td></tr>
<tr><td rowspan="4">外围设备</td><td></td><td></td><td></td><td></td><td></td><td></td><td></td><td></td><td></td><td></td><td></td><td></td><td></td></tr>
<tr><td></td><td></td><td></td><td></td><td></td><td></td><td></td><td></td><td></td><td></td><td></td><td></td><td></td></tr>
<tr><td></td><td></td><td></td><td></td><td></td><td></td><td></td><td></td><td></td><td></td><td></td><td></td><td></td></tr>
<tr><td></td><td></td><td></td><td></td><td></td><td></td><td></td><td></td><td></td><td></td><td></td><td></td><td></td></tr>
<tr><td colspan="3">检修日期（具体到日）</td><td></td><td></td><td></td><td></td><td></td><td></td><td></td><td></td><td></td><td></td><td></td><td></td></tr>
<tr><td colspan="3">维保人（签名）</td><td></td><td></td><td></td><td></td><td></td><td></td><td></td><td></td><td></td><td></td><td></td><td></td></tr>
<tr><td colspan="3">验收人（签名）</td><td></td><td></td><td></td><td></td><td></td><td></td><td></td><td></td><td></td><td></td><td></td><td></td></tr>
<tr><td colspan="3">备注</td><td colspan="12">因生产型号不同，外围设备存在变化可能，请维保人员根据设备情况进行补充
设备保养时必须先切断电源，在保证自身及机身安全前提下才可进行
做完每个项目的检查后，在相应月份及项目后面画相应符号即可
请根据此表相关内容，利用每月中旬非生产时间段，在 1 天内完成对工作站的维护与保养操作
记录方式：√表示维保完成，可正常使用；× 表示不能正常使用；☆表示易耗件更换；△表示汇报修理；—表示待料</td></tr>
</table>

2．月保内容的确定

请按照表 2–1–1 所示内容与班组长进行沟通，逐一列举工业机器人工作站月度维保内容及作业时间限制。

二、领取维保资料

1．填写维保资料领用单

根据工业机器人视觉装配工作站月度维保卡，填写表 2–1–2 所示维保资料领用单，从档案室调取机器人视觉装配工作站维保资料，包括设备维保手册、机器人操作说明书、视觉系统说明书、机器人视觉装配工作站使用说明书等。

表 2–1–2　　维保资料领用单

序号	资料名称	数量	领用人	归还日期
1				
2				
3				
4				
5				
6				

2．整理工作站资料

为完善月度维保内容，请查阅相关维保手册，结合工作站实际情况，对工作站月度维保内容进行讨论。

（1）调取视觉装配工作站图片资料

观察图 2–1–1 所示视觉装配工作站示意图，填写表 2–1–3 所示视觉装配工作站各组成的作用。

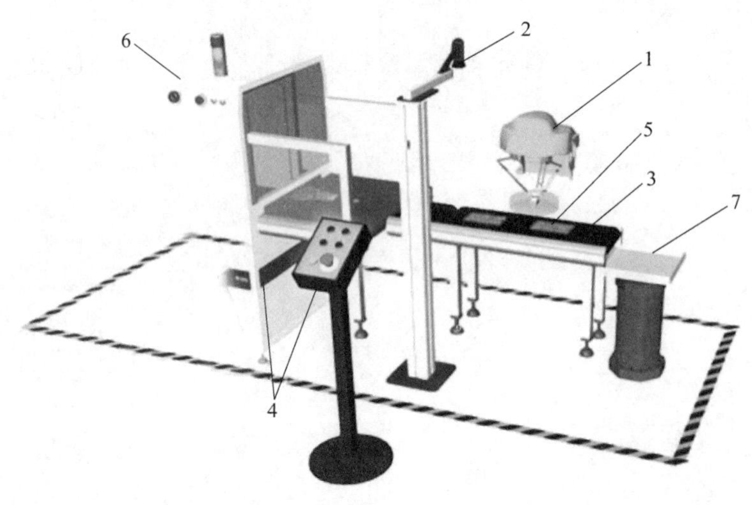

图 2-1-1　视觉装配工作站示意图

表 2-1-3　视觉装配工作站各组成的作用

序号	组成	名称	作用
1		FANUC M-1iA 并联机器人	
2		SONY XC-56 视觉系统	
3		装配传送带	

续表

序号	组成	名称	作用
4		三菱 FX_{2N} PLC 总控系统	
5		组合气动搬运夹具	
6		印制电路板上料台	
7		下料台	

除工业机器人本体及控制柜外，工业机器人视觉装配工作站还配备了视觉系统、上下料设备及传送设备。其工作原理如下：依靠视觉系统拍摄图片后进行分析和判断，将所需识别对象的数据（X 坐标、Y 坐标及旋转角度）传送给机器人，机器人配合编码器将所需调整的对象进行抓取及修正。因工业机器人视觉装配工作站追求高效、稳定的工作，为符合该项技术要求，在工作站工作过程中需保障机械安装位置不发生偏移，视觉系统不发生误识别，机械运动不卡顿。因此，在对工业机器人视觉装配工作站的维护与保养作业中，需重点关注以上潜在风险因素。

（2）查阅工作站运行情况月度记录表

分析表 2-1-4 所示内容，在月度维保卡中补充视觉装配工作站月度维保工作内容。

表 2-1-4　　工业机器人视觉装配工作站运行情况月度记录表（节选）

×× 电机制造有限公司自动化设备运行情况记录表				
设备名称	工业机器人视觉装配工作站	设备编号	HJ-152310	
日期	生产设备异常情况记录	值班员	处理结果	处理人
20×× 年 3 月 2 日	正常	方 ××		
20×× 年 3 月 3 日	正常	方 ××		
20×× 年 3 月 5 日	设备异响	陈 ××	运动机构磨损，已润滑	赵 ××
20×× 年 3 月 11 日	视觉系统辨别效果不佳	方 ××	线缆松动，已重新固定	赵 ××
20×× 年 3 月 15 日	传送带打滑	陈 ××	已重新张紧	赵 ××
20×× 年 3 月 16 日	正常	陈 ××		
20×× 年 3 月 23 日	运行指示灯闪烁	陈 ××	信号线松动，已紧固	赵 ××
20×× 年 3 月 24 日	正常	陈 ××		

（3）查阅工业机器人本体定期检修项目

查阅机器人维保手册，提取定期检修项目表，见表 2-1-5 和表 2-1-6。分析表中的检修项目，讨论工作站月度维保中机器人本体维保项目。

表 2-1-5　　定期检修项目表 1

检修及维修周期							检修及维修项目	检查、处置和维修要领
1 个月 320 h	3 个月 960 h	6 个月 1 920 h	1 年 3 840 h	1.5 年 5 760 h	3 年 11 520 h	4 年 15 360 h		
○ 只有首次	○						连杆 B 安装部的紧固	全部确认连杆 B 安装部有无松动（12 处），松动时要在螺纹底部涂上乐泰 243 胶水，予以紧固
○ 只有首次	○						连杆 B 球窝接头部磨损的检修	请确认连杆 B 球窝接头部的磨损。如果出现晃动并且影响机器人精度，请将其更换
○ 只有首次	○						控制装置通气口的清洁	请确认控制装置的通气口上是否黏附大量灰尘，如有请将其清除掉

续表

检修及维修周期							检修及维修项目	检查、处置和维修要领
1个月 320 h	3个月 960 h	6个月 1 920 h	1年 3 840 h	1.5年 5 760 h	3年 11 520 h	4年 15 360 h		
	○						有无外伤、油漆是否脱落的确认	请确认机器人是否有由于跟外围设备发生干涉而产生的外伤或者油漆脱落。如果有干涉的情况，要排除原因。另外，如果由于干涉产生的外伤比较大以致于影响使用，需要对相应部件进行更换
	○						是否溅上液体的确认	请检查机器人上是否溅上水或者切削油。溅上水或者切削油的时候，要排除原因，擦掉液体
	○ 只有首次		○				外露的连接器是否松动的确认	请检查外露的连接器是否松动
	○ 只有首次		○				末端执行器安装螺栓的紧固	请拧紧末端执行器安装螺栓
	○ 只有首次		○				外部主要螺栓的紧固	请紧固机器人安装螺栓、检修松脱的螺栓和露出机器人外部的螺栓 有的螺栓上涂敷有防松接合剂。在用建议拧紧力矩以上的力矩紧固时，恐会导致防松接合剂剥落，所以务必使用建议拧紧力矩加以紧固
	○ 只有首次		○				灰尘、粉尘等的清洁	请检查机器人本体是否有灰尘、粉尘等异物附着或者堆积。有堆积物的时候应清洁。机器人的可动部位（各关节、手腕轴旋转部位周围）应特别注意清洁
	○ 只有首次		○				末端执行器（机械手）电缆是否损坏的确认	请检查末端执行器电缆是否过度扭曲，有无损伤。有损坏的时候，对该电缆进行更换
○ 只有首次	○						关节外罩（可选购项）的检修	装有关节外罩（可选购项）的话，请打扫。请确认是否有磨损或者破损。有破损的话，请更换

续表

检修及维修周期							检修及维修项目	检查、处置和维修要领
1 个月 320 h	3 个月 960 h	6 个月 1 920 h	1 年 3 840 h	1.5 年 5 760 h	3 年 11 520 h	4 年 15 360 h		
	○ 只有 首次		○				手腕输入齿轮周围的打扫	打开盖板，清洁手腕输入齿轮部位的润滑脂
	○ 只有 首次		○				示教器、操作箱连接电缆和机器人连接电缆有无损坏的确认	请检查示教器、操作箱连接电缆和机器人连接电缆是否过度扭曲，有无损伤。有损坏的时候，对该电缆进行更换

表 2–1–6　　　　定期检修项目表 2

检修及维修周期							检修及维修项目	检修、处置和维修要领
1 个月 320 h	3 个月 960 h	6 个月 1 920 h	1 年 3 840 h	1.5 年 5 760 h	3 年 11 520 h	4 年 15 360 h		
		○					向手腕输入齿轮供脂（M–1iA/0.5S/0.5A/0.5SL/0.5AL）	向手腕输入齿轮供脂
		○					向传动轴供脂（M–1iA/0.5S/0.5A/0.5SL/0.5AL）	向传动轴供脂
			○ （*）	○ （*）			机构部分电池的更换	请对机构部分电池进行更换， （*）电池型号不同，更换周期不同 内置电池：1 年（3 840 h） 外设电池：1.5 年（5 760 h）
						○	控制装置电池的更换	请对控制装置电池进行更换

三、制定月度维保作业流程

1．通过对所领取的资料进行分析，经过与班组长讨论，确定本次任务中工业机器人本体维保项目，请针对表 2–1–7 中残缺内容，继续完善月度维保卡维保项目。

续表

表 2-1-7　　某电机制造有限公司自动化设备月度维保卡

××电机制造有限公司月度维保卡

设备名称		__________设备 202___年月度维保卡
设备型号		

保养项目			1 月	2 月	3 月	4 月	5 月	6 月	7 月	8 月	9 月	10 月	11 月	12 月
每次使用时		清洁设备，将杂物清理干净												
		检查机器电路是否正常，若电路不正常，通知班组长处理												
		确认吸盘气压是否正常												
月保养	机器人本体	检查机台、外壳、螺钉与螺母是否牢固												
		连杆 B 安装部的紧固												
		连杆 B 球窝接头部磨损的检修												
		控制装置通气口的清洁												
		清洁油污并添加新润滑脂												
		末端执行器（机械手）电缆的检修												
		本体电池的更换												
	机器人控制柜	系统散热部位的检修												
	视觉系统	视觉系统线缆的检修												
		相机的检修												
	外围设备													
检修日期（具体到日）														
维保人（签名）														
验收人（签名）														

备注	因生产型号不同，外围设备存在变化可能，请维保人员根据设备情况进行补充 设备保养时必须先切断电源，在保证自身及机身安全前提下才可进行 做完每个项目的检查后，在相应月份及项目后面画相应符号即可 请根据此表相关内容，利用每月中旬非生产时间段，在 1 天内完成对工作站的维护与保养操作 记录方式：√表示维保完成，可正常使用；× 表示不能正常使用；☆表示易耗件更换；△表示汇报修理；—表示待料

2．根据完善后的月度维保卡保养项目，制定工业机器人视觉装配工作站月度维保作业流程，并进行小组分工，填写表 2-1-8 所示小组分工表，为小组成员分配工作内容。

表 2-1-8　　小组分工

序号	作业流程	执行人员
1		
2		
3		
4		
5		
6		
7		
8		
9		
10		

四、总结与思考

工业机器人视觉装配工作站的外围设备月度维保作业是综合考虑哪些因素制定的？请说明理由。

学习活动 2　确定月度维护与保养工作用品

学习目标

1. 能根据月度维保工作内容，列出维保工具和材料清单。

2. 能规范填写工具领用单及材料领用单，并从工具室领取维保工具，从材料室领取材料。

建议学时：2 学时

学习过程

一、准备工作用品

1．维保工具

（1）表 2-2-1 列出了本次维保任务所需主要工具，请补充表 2-2-1 中图示工具的作用。

表 2-2-1　　工业机器人工作站月度维保工具

序号	图示	工具名称	作用
1		注油枪	
2		尖嘴钳	

续表

序号	图示	工具名称	作用
3		手持吸尘器	

（2）查阅手持吸尘器使用说明书，以小组合作形式补全表 2–2–2 所示手持吸尘器的使用注意事项。

表 2–2–2　　手持吸尘器的使用注意事项

序号	手持吸尘器的使用注意事项
1	使用吸尘器时，注意不要堵塞吸尘器的吸入口，否则会引起吸尘器电动机过载，损伤电动机
2	使用吸尘器时，应注意正确安装滤尘袋，以免灰尘进入电动机内部
3	不要用吸尘器吸取水泥、石膏粉、墙粉等微小颗粒，否则会引起吸尘器滤尘袋或过滤网堵塞、__________烧坏等故障
4	清洁吸尘器时，要使用含水或中性__________的湿抹布，不要用汽油、乙酸异戊酯溶液（俗称香蕉水）等，否则会导致壳体龟裂或褪色
5	不要用吸尘器吸取水和其他液体、玻璃、针、烟灰、湿灰尘等物品
6	不要让吸尘器太靠近火源及其他__________温场所
7	不能用水冲洗吸尘器
8	当需要清洁或维修吸尘器以及长时间停用吸尘器时，需拔下__________插头，不要拉扯__________线
9	吸尘器使用完毕后，应将吸尘器和附件用__________的布擦拭干净，然后在空气中自然干燥。集尘袋内的污物要及时清除，如果暂时停用设备，应用温水将集尘袋洗涤干净，然后在阳光下自然干燥。还应将吸尘器刷子上的毛发和纸屑清除干净
10	要经常检查吸尘器刷子的磨损情况，如发现刷子磨损严重，则应更换
11	要经常检查吸尘器的各个固定部位，如有松动，应随时紧固到位
12	吸尘器电动机上的电刷为容易磨损的零部件，要注意定期送修更换
13	要经常检查吸尘器的吸尘头和排气口，防止堵塞
14	要保护好吸尘器的软管，勿施以重压和折叠

（3）查阅注油枪使用说明书，以小组合作形式补全表 2–2–3 所示注油枪的使用注意事项。

表 2–2–3　　注油枪的使用注意事项

序号	注油枪的使用注意事项
1	在注油之前应先打开__________
2	使用手动注油枪加油时速度不能太快，在手动注油时下压动作最好保持在__________的频率
3	在使用注油枪时，为了确保减速器内部的旧油顺利排出，可以在注油一段时间后停顿一段时间，等待出油口__________后再继续注油
4	注意加油速度不能太快，太快会导致电动机瞬间内腔压力过高，油脂将进入电动机内部，造成__________损坏

2．维保材料

表 2–2–4 列出了本次维保任务所需主要材料，请补充相应材料的作用。

表 2–2–4　　工业机器人工作站月度维保材料

序号	图示	材料名称	作用
1		酒精	
2		自动化气管	
3		机器人本体电池	

二、填写领用单

填写工具领用单及材料领用单，见表 2-2-5 和图 2-2-1。

表 2-2-5　　工具领用单

工具领用单

时间：　　年　　月　　日

申请	组别		领用人		组长		
缘由							
核准	技术主管		工程师		库房		
序号	名称	型号	规格	数量	单位	实发	备注
1							
2							
3							
4							
5							
6							
7							
8							
9							
10							
备注	1. 库房根据工具领用单信息发放工具。 2. 工具领用单归库房存档。 3. 申请工具较多时可另附上详细需求清单，如有资产编号需进行填写。						

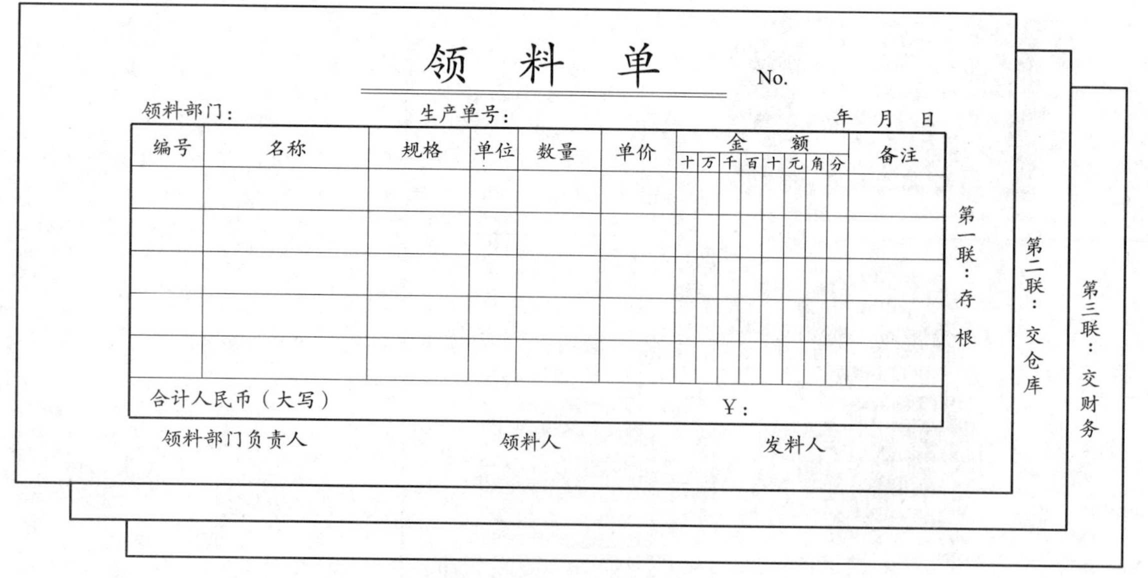

领　料　单　No.

领料部门：　　生产单号：　　年　月　日

编号	名称	规格	单位	数量	单价	金额								备注
						十	万	千	百	十	元	角	分	
合计人民币（大写）						¥：								

领料部门负责人　　领料人　　发料人

第一联：存根　第二联：交仓库　第三联：交财务

图 2-2-1　材料领用单

三、领取工具和材料

按照填写的工具领用单和材料领用单，从工具室领取维保工具，从材料室领取材料。注意检查维保工具和材料型号、规格及质量，确保正确无误。

四、总结与思考

请阐述作为除尘工具，刷子、抹布及手持吸尘器应用场景的区别。

学习活动 3　实施月度维护与保养

1. 能按照工业机器人工作站月度维保作业流程及规范，以小组合作方式，使用专用维保工具和材料，对工业机器人、视觉系统及非标辅助设备进行检查、清洁和润滑，对易损件进行更换或调整作业。

2. 在规定时间内完成月度维保项目，并能参照世界技能大赛现场管理要求清理工作现场。

3. 月度维保作业完成后，能根据月度维保卡的内容，对工作站进行自检。

4. 自检合格后，能操作工业机器人设备，把工作站恢复到正常运行状态。

5. 能及时做好过程记录，正确填写相关表格，交付班组长检查。

建议学时：10 学时

学习过程

一、月保技术要点

1．工作站设备紧固性检查

操作调整工参考维保手册等资料，根据实际工作站设备图样及实物和图 2-3-1 所示工业机器人外壳拆卸部位示意图，检查末端执行器安装螺钉以及外部主要螺栓有无松动，松动时要予以紧固。检查盖板的连接器是否松动。

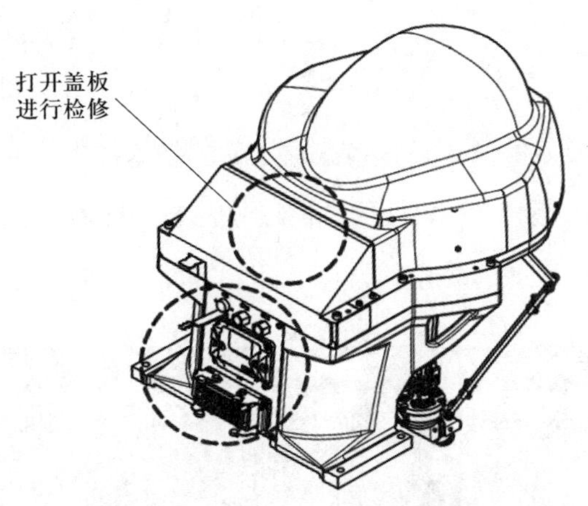

图 2-3-1　工业机器人外壳拆卸部位示意图

2．工业机器人连杆检查

（1）工业机器人关节的紧固情况

操作调整工参考维保手册等资料，检查工业机器人关节紧固件是否松动。如果松动，使用扭力扳手进行紧固。

（2）连杆 B 安装部的紧固情况

操作调整工参考维保手册等资料，根据图 2-3-2 所示工业机器人连杆维保位置示意图，确认连杆 B 安装部有无松动（共 12 处），若松动，则需要在螺纹底部涂上乐泰 243 胶水，并予以紧固。

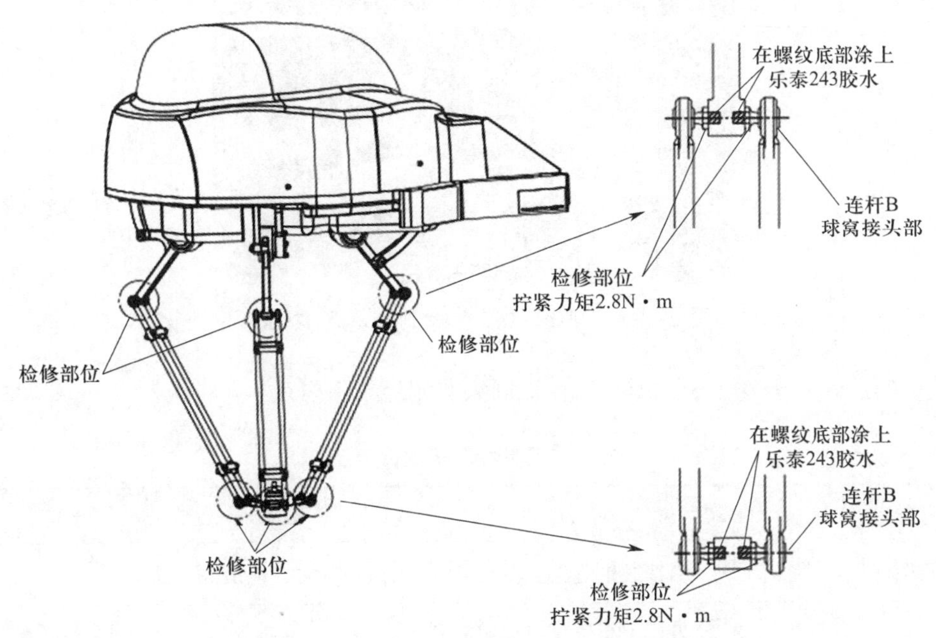

图 2-3-2　工业机器人连杆维保位置示意图

（3）连杆 B 球窝接头部的磨损维保

操作调整工参考维保手册等资料，确认连杆 B 球窝接头部有无磨损。如果连杆 B 球窝接头部出现晃动并影响工业机器人精度，应立即更换。

3．工作站清洁

（1）工业机器人控制柜清洁

对于现代自动化设备而言，良好的散热是设备正常工作的基本条件，在进行工业机器人常规维护与保养时，必须确保工业机器人工作站的散热设备处于正常工作状态。图 2–3–3 所示为工业机器人控制柜散热风扇，图 2–3–4 所示为工业机器人控制柜入风口滤网。

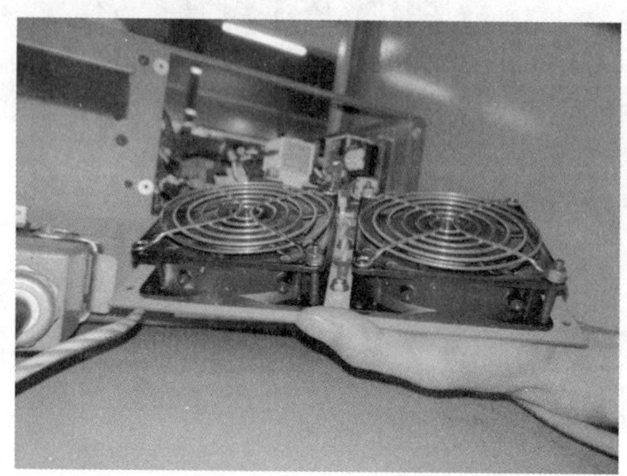

图 2–3–3　工业机器人控制柜散热风扇

图 2–3–4　工业机器人控制柜入风口滤网

请查阅相关资料后，补全表 2–3–1 所示工业机器人控制柜维保要点。

表 2–3–1　工业机器人控制柜维保要点

序号	维保内容	维保要领
1	控制柜通气口清洁	当控制柜 ______ 口上黏附大量灰尘时，应清除
2	控制柜风扇清洁	采用干布擦拭风扇扇叶和风扇的 ____________。拆开风扇轴承部分，用 ________ __________________ 擦拭去除干涸的油迹
3	控制柜拆装	在拆装控制柜挡板过程中，要注意保管好螺钉，建议整齐摆放，避免丢失和遗漏。维保过程中注意不要碰撞电路板上的元件，防止 ____________ 管脚 维保后必须清点 __________，严禁将 __________ 遗漏在控制柜内

（2）工业机器人手腕轴旋转部周围、手腕齿轮的清洁

如图 2–3–5 所示，将飞散到工业机器人手腕轴旋转部周围、齿轮周围和齿轮盖板的润滑脂擦拭干净。

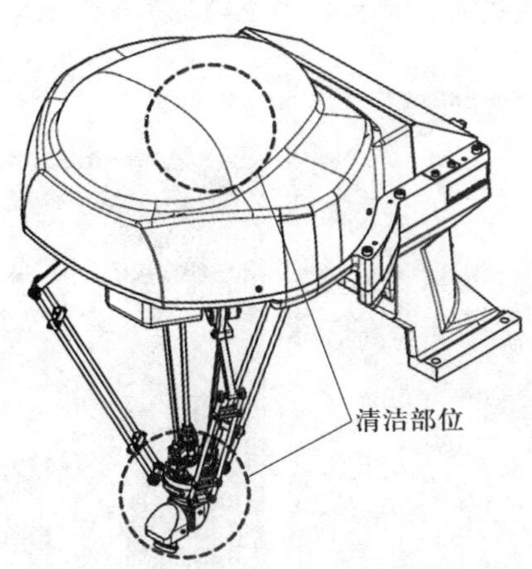

图 2–3–5　清洁部位

（3）工业机器人气动控制系统维保

图 2–3–6 所示为工业机器人气动管路接口示意图，请查阅工业机器人相关维保资料，并补全表 2–3–2 所示工业机器人气动控制系统维保要点。

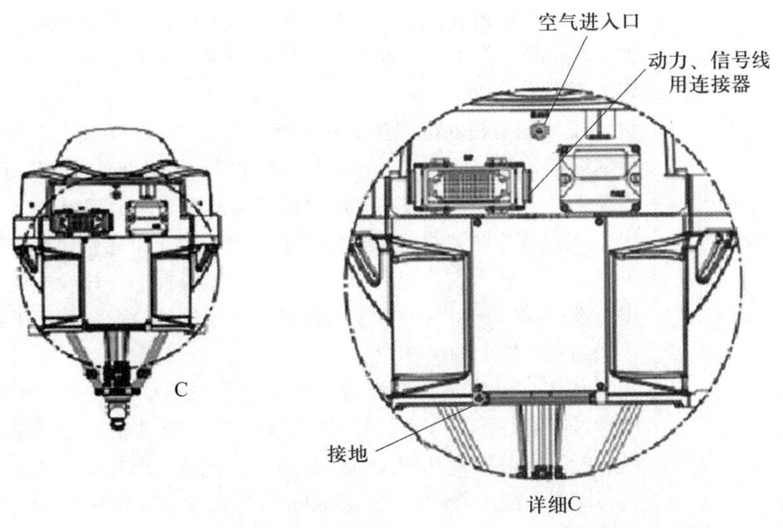

图 2–3–6　工业机器人气动管路接口示意图

表 2–3–2　　工业机器人气动控制系统维保要点

序号	维保内容	工业机器人气动控制系统维保要点
1	通气口清洁	检查气动控制系统的通气口上是否黏附大量灰尘，如有，应清除
2	管路检查	对气动管路进行检查，如果外观有严重的________情况，应更换气管
3	通电测试	测试 PLC 与工业机器人关联控制信号，检查工业机器人气动回路动作是否正常和有无 _____ 情况，如有故障，找出故障原因并排除

4．工作站线缆维保

（1）工业机器人本体线缆维保

图 2-3-7 所示为工业机器人控制柜线缆，请补全表 2-3-3 所示 FANUC 工业机器人工作站线缆维保要点。

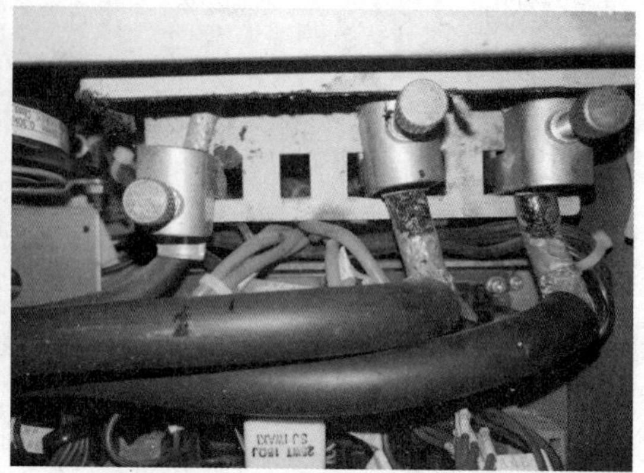

图 2-3-7　工业机器人控制柜线缆

表 2-3-3　FANUC 工业机器人工作站线缆维保要点

序号	维保内容	维保要点
1	控制柜外部线缆	所有电气设备的金属外壳均应有良好的__________装置。在工作站使用过程中，不准将接地装置拆除或对其进行任何操作。严禁用湿手去触摸电源开关以及其他电气设备。开关外壳和线缆绝缘有破损或带电部分外露时，应立即找维修人员修好，否则不准使用。 不准使用破损的电源插头和插座。在综合布线中线缆架构要设计合理，保证有合适的线缆弯曲__________。线缆绕过其他线槽时，转弯坡度要平缓，注意两端线缆下垂受力后是否还能在不压损线缆的前提下盖上盖板。 放线过程中主要是注意对拉力的控制，对于带卷轴包装的线缆，建议线缆两头至少各安排一名工人，把卷轴套在瓷质的拉线杆上，放线端的工人先从卷轴箱内预拉出一部分线缆，供另一名工人在管线另一端抽取，预拉出的线缆不能过多，避免多根线缆在场地上缠结环绕。 拉线工序结束后，两端留出的冗余线缆要整理好，盘线时要顺着原来的旋转方向，线圈直径不要太小。若可能的话，用废线头固定在桥架、吊顶上或纸箱内，并做好标注，以提醒其他人勿踩勿动。在整理、绑扎、安置线缆时，冗余线缆不要太长，不要让线缆叠加受力，线圈要顺势盘整，固定扎线绳不要勒得过紧
2	末端执行器（机械手）线缆	检查通信线缆连接口是否________________，连接口引脚是否有氧化污垢现象
3	控制柜内部线缆	断电后清洁控制柜中的灰尘，检查母线及接地线连接是否良好，接头点有无发热变__________，检查线缆头、接线桩头是否__________可靠，检查接地线有无__________，接线桩头是否紧固

（2）视觉系统线缆维保

图 2-3-8 所示为工业机器人视觉系统线缆接口，请写出检查视觉系统线缆连接是否处于正常状态的操作步骤。

图 2-3-8　工业机器人视觉系统线缆接口

5．工业机器人本体润滑

操作调整工查阅相关工业机器人硬件维保手册，讨论并学习工业机器人上盖拆装步骤与添加润滑脂要领，补全表 2-3-4 所示工业机器人本体润滑维保要点。

（1）齿轮供脂

图 2-3-9 所示为 FANUC M-1iA 工业机器人添加润滑脂部位示意图，图 2-3-10 所示是工业机器人齿轮，请对照图示供脂部位，补全表 2-3-4 所示相关内容。

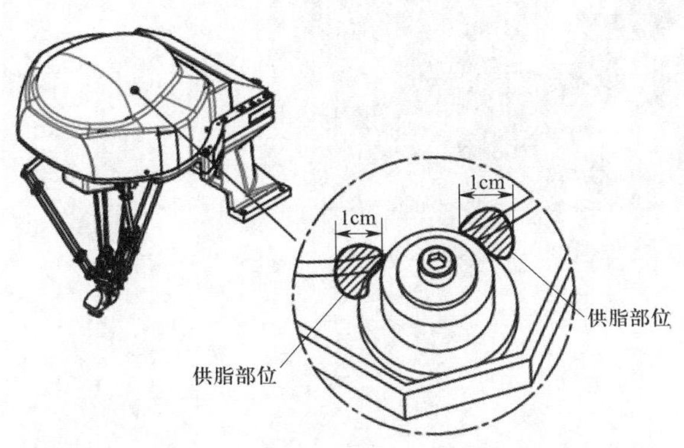

图 2-3-9　工业机器人添加润滑脂部位示意图

图 2-3-10　工业机器人齿轮（方框内为供脂部位）

（2）传动轴供脂

图 2–3–11 所示为 FANUC M–1iA 工业机器人传动轴供脂部位示意图，图 2–3–12 所示是工业机器人传动轴，对照图示供脂部位，补全表 2–3–4 所示相关内容。

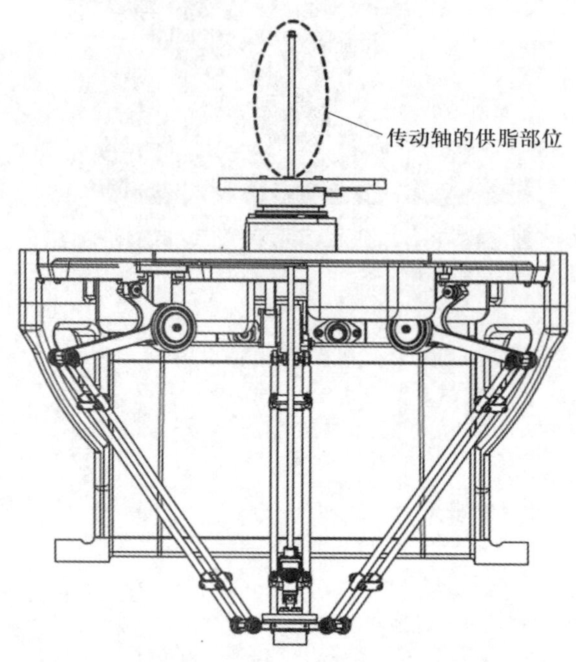

图 2–3–11　工业机器人传动轴供脂部位示意图

图 2–3–12　工业机器人传动轴（方框位置为供脂部位）

表 2-3-4　　FANUC 工业机器人本体润滑维保要点

序号	维保内容	维保要点
1	拆卸工业机器人外壳并清除油污	切断 FANUC 工业机器人＿＿＿＿＿＿。拆下工业机器人外壳上的 4 个螺钉，取下外盖，清除工业机器人手腕齿轮周围的润滑脂
2	加润滑脂	向＿＿＿＿轴的减速齿轮与轴承接触处加入润滑脂，添加量以＿＿＿＿＿＿为佳，重新合上外盖
3	加润滑脂后运行	设备＿＿＿＿电运行，让工业机器人被润滑的轴反复转动，过一段时间后断电
4	检查工业机器人内部情况	打开工业机器人外壳，检查工业机器人内部润滑脂的润滑情况，擦掉飞散到齿轮周围以及齿轮盖板上的＿＿＿＿＿＿。如果工业机器人工作情况正常，重新装上工业机器人外壳，工业机器人本体润滑维保作业完毕

6．工业机器人本体电池维保

机器人本体电池是工业机器人工作站易耗件。图 2-3-13 所示为 FANUC M-1iA 工业机器人电池盒位置，请在表 2-3-5 中补全 FANUC 工业机器人本体电池维保要点。

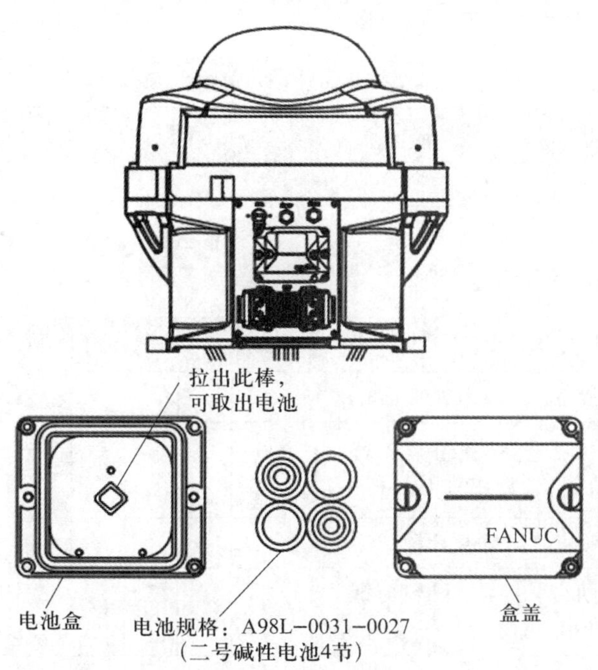

图 2-3-13　FANUC M-1iA 工业机器人电池盒位置

表 2-3-5　　FANUC 工业机器人本体电池维保要点

维保内容	维保要点
工业机器人本体电池更换	在工业机器人＿＿＿＿＿＿的情况下，旋开工业机器人底座电池盒螺钉，取下盒盖。使用万用表检查本体电池的电量，如果电池电压不足则应更换 抽出电池棒，更换电池。安装电池时应注意电池极性，电池极性安装错误会导致工业机器人零点数据丢失，需要操作调整工重新做回归零点工作

二、任务实施

1．在实施工业机器人工作站月度维护与保养前，需穿戴安全防护用品，遵循安全操作规范。请简述本次维保任务实施过程中所需关注的安全操作规范。

2．请填写表 2–3–6 所示工业机器人工作站月度维保卡，完成工业机器人视觉装配工作站的相关月度维保内容并把工业机器人工作站恢复到正常运行状态。

表 2–3–6　　工业机器人工作站月度维保卡

<table>
<tr><th colspan="15">×× 电机制造有限公司月度维保卡</th></tr>
<tr><td>设备名称</td><td colspan="2"></td><td colspan="12" rowspan="2">________设备 202___年月度维保卡</td></tr>
<tr><td>设备型号</td><td colspan="2"></td></tr>
<tr><td colspan="3">保养项目</td><td>1 月</td><td>2 月</td><td>3 月</td><td>4 月</td><td>5 月</td><td>6 月</td><td>7 月</td><td>8 月</td><td>9 月</td><td>10 月</td><td>11 月</td><td>12 月</td></tr>
<tr><td colspan="2" rowspan="3">每次使用时</td><td>清洗设备，将杂物清理干净</td><td></td><td></td><td></td><td></td><td></td><td></td><td></td><td></td><td></td><td></td><td></td><td></td></tr>
<tr><td>检查机器电路是否正常，若电路不正常，通知班组长处理</td><td></td><td></td><td></td><td></td><td></td><td></td><td></td><td></td><td></td><td></td><td></td><td></td></tr>
<tr><td>确认吸盘气压是否正常</td><td></td><td></td><td></td><td></td><td></td><td></td><td></td><td></td><td></td><td></td><td></td><td></td></tr>
<tr><td rowspan="7">月保养</td><td rowspan="7">机器人本体</td><td>检查机台、外壳、螺钉与螺母是否牢固</td><td></td><td></td><td></td><td></td><td></td><td></td><td></td><td></td><td></td><td></td><td></td><td></td></tr>
<tr><td>连杆 B 安装部的紧固</td><td></td><td></td><td></td><td></td><td></td><td></td><td></td><td></td><td></td><td></td><td></td><td></td></tr>
<tr><td>连杆 B 球窝接头部磨损的检修</td><td></td><td></td><td></td><td></td><td></td><td></td><td></td><td></td><td></td><td></td><td></td><td></td></tr>
<tr><td>控制装置通气口的清洁</td><td></td><td></td><td></td><td></td><td></td><td></td><td></td><td></td><td></td><td></td><td></td><td></td></tr>
<tr><td>清除油污并添加新润滑脂</td><td></td><td></td><td></td><td></td><td></td><td></td><td></td><td></td><td></td><td></td><td></td><td></td></tr>
<tr><td>末端执行器（机械手）电缆的检修</td><td></td><td></td><td></td><td></td><td></td><td></td><td></td><td></td><td></td><td></td><td></td><td></td></tr>
<tr><td>本体电池的更换</td><td></td><td></td><td></td><td></td><td></td><td></td><td></td><td></td><td></td><td></td><td></td><td></td></tr>
</table>

续表

保养项目			1月	2月	3月	4月	5月	6月	7月	8月	9月	10月	11月	12月
月保养	机器人控制柜	系统散热部位的检修												
	视觉系统	视觉系统线缆的检修												
		相机的检修												
	外围设备													
检修日期（具体到日）														
维保人（签名）														
验收人（签名）														
备注			因生产型号不同，外围设备存在变化可能，请维保人员根据设备情况进行补充 设备保养时必须先切断电源，在保证自身及机身安全前提下才可进行 做完每个项目的检查后，在相应月份及项目后面画相应符号即可 请根据此表相关内容，利用每月中旬非生产时间段，在1天内完成对工作站的维护与保养操作 记录方式：√表示维保完成，可正常使用；× 表示不能正常使用；☆表示易耗件更换；△表示汇报修理；—表示待料											

3．在维保实施过程中，通过表 2-3-7 所示机器人工作站月度维保过程记录表及时记录所遇到的问题及解决的方法等内容，便于后期归档总结。

表 2-3-7　　　　机器人工作站月度维保过程记录表

月度维保过程记录表	
所遇到的问题	解决的方法

4．完成月度维保工作后，进行工业机器人视觉装配工作站自检，补全表 2-3-8 所示 FANUC 工业机器人视觉装配工作站自检要点。

表 2-3-8　　FANUC 工业机器人视觉装配工作站自检要点

序号	自检内容	自检要点
1	通电检查	使用计算机连接机器人视觉系统，打开__________识别界面，调用视觉程序，检查计算机的偏移数据是否符合预期。检查摄像头图像是否__________，确认信号传输正常，机器人运动正常
2	摄像效果检查	若工业机器人视觉系统在维保后出现对焦不准的情况，需要通过摄像头的__________旋钮来调整
3	综合联调检查	运行工作站程序，观察工作站整体运行情况，检查工作站有无出现通信失败、拾取错位和机器人运动不可到达某些点位等错误，找出故障原因并排除

5．完成维保作业后，参照图 2-3-14 所示世界技能大赛机器人系统集成现场管理评分标准，学习其评价等级与评价标准，以最高标准要求清理工作现场，并归还维保工具及材料。

编号	评分日	子标准描述	最大分值
A1	day1	C1-空间管理	0.4

评价特征明细 A1

特征编号	特征描述	最大分值
A1J1	工作台、地面等整洁，清理情况。如选手比赛结束后整理好本工位的物件、工具，摆放整齐有序，地上无垃圾杂物	0.4
	分数 0　工作区处于混乱状态，物品摆放混乱，地上有垃圾杂物。	
	分数 1　工作区环境一般，物品有简单的整理，地上无明显可见垃圾杂物。	
	分数 2　工作区环境良好，物品摆放整齐，地上无垃圾杂物。	
	分数 3　工作区环境出色，物品按类别有序整齐摆放，地上干净整洁。	

图 2-3-14　世界技能大赛机器人系统集成现场管理评分标准

三、月保成果验收

完成工作站月度维保与自检后，验收部门（其他小组或教师）根据表 2-3-9 所示维保验收单的项目内容对工业机器人工作站实施验收工作，合格后交付生产部门投入实际生产。

表 2-3-9　　维保验收单

<table>
<tr><td colspan="2" rowspan="2">验收部门</td><td colspan="2" rowspan="2"></td><td rowspan="2">验收部门现场负责人</td><td>姓名：</td></tr>
<tr><td>电话：</td></tr>
<tr><td colspan="2" rowspan="2">实施部门</td><td colspan="2" rowspan="2"></td><td rowspan="2">实施部门现场负责人</td><td>姓名：</td></tr>
<tr><td>电话：</td></tr>
<tr><td colspan="2">验收地点</td><td colspan="2"></td><td>验收日期</td><td>年　月　日</td></tr>
<tr><td>序号</td><td colspan="2">维保项目</td><td colspan="2">描述</td><td>验收情况</td></tr>
<tr><td>1</td><td colspan="2">系统牢固性检查</td><td colspan="2">螺钉及螺母紧固情况良好</td><td></td></tr>
<tr><td>2</td><td colspan="2">连杆运动情况</td><td colspan="2">运动顺畅，无异响</td><td></td></tr>
</table>

续表

序号	维保项目	描述	验收情况
3	系统散热情况	系统散热口无尘埃堆积，风扇运转情况良好	
4	工作站线缆检查	线缆有序摆放，接口无松脱情况	
5	机器人电池更换	机器人不出现电池电量过低提示	
6	机器人润滑	机器人润滑情况良好，无过热及漏油情况	
7	气动控制系统检查	气路通畅，气动控制符合工作逻辑	
8	整体调试	正常投产后，工作站能正确进行工件视觉拾取工作	
验收意见	以上内容已由实施部门维保完成，现请验收部门按照月度维保卡的要求进行验收，意见如下：工作站运行正常（□是　□否），月保项目齐全（□是　□否），验收合格（□是　□否）。 验 收 人：（签名） 验收日期：　　　年　月　日		
备注			

四、总结与思考

1．列举连杆 B 维保过程中的操作难点及解决方法。

2．列举添加润滑脂维保过程中的操作难点及解决方法。

学习活动 4　工作总结与评价

学习目标

1. 能按分组情况，分别派代表展示工作成果，说明本次任务的完成情况，并进行分析、总结。

2. 能结合自身任务完成情况，正确、规范地撰写工作总结（心得体会）。

3. 能就本次任务中出现的问题提出改进措施。

4. 能对学习与工作进行反思、总结，并能与他人开展良好合作，进行有效沟通。

建议学时：2 学时

学习过程

一、个人评价

按表 2–4–1 所列评分标准进行个人综合评价。

表 2–4–1　　个人综合评价表

项目	序号	技术要点	配分	评分标准	得分
工具的使用（12%）	1	扭力扳手的使用	1	不正确、不合理不得分	
	2	防静电刷子的使用	1	不正确、不合理不得分	
	3	手持吸尘器的使用	5	不正确、不合理不得分	
	4	注油枪的使用	5	不正确、不合理不得分	
配件和材料的选用（12%）	5	轴承专用润滑脂的选用	4	不正确、不合理不得分	
	6	电池型号的选用	4	不正确、不合理不得分	
	7	螺钉型号的选用	4	不正确、不合理不得分	

续表

项目	序号	技术要点	配分	评分标准	得分
维保质量（66%）	8	系统牢固性	5	连接处有松动不得分	
	9	连杆转动	5	连杆转动不畅不得分	
	10	系统散热	5	系统散热不良不得分	
	11	工作站线缆连接	5	线缆散乱每处扣 2 分	
	12	机器人电池	9	电池电量低导致报警不得分	
	13	机器人润滑	9	润滑脂泄漏和润滑不良每处扣 2 分	
	14	气动控制系统	16	抓取压力不足或控制失败不得分	
	15	整体调试	12	拾取调试失败不得分	
安全文明生产（10%）	16	安全操作	5	不按安全操作规程操作不得分	
	17	工位清理	5	清理不合格不得分	
总得分					

二、小组评价

以小组为单位，选择演示文稿、展板、海报、视频等形式中的一种或几种，向全班展示、汇报制作成果。在展示的过程中，以小组为单位进行评价；评价完成后，根据其他小组成员对本组展示成果的评价意见进行归纳、总结。

三、教师评价

认真听取教师对本小组展示成果的优缺点以及在完成任务过程中出现的亮点和不足的评价意见，并做好记录。

1．教师对本小组展示成果优点的点评。

2．教师对本小组展示成果缺点及改进方法的点评。

3．教师对本小组在整个任务完成过程中出现的亮点和不足的点评。

四、总结提升

结合自身任务完成情况，通过交流讨论等方式较全面规范地撰写本次任务的工作总结。

评价与分析

按照“客观、公正和公平”原则，在教师的指导下按自我评价（自评）、小组评价（互评）和教师评价（师评）三种方式对自己或他人在本学习任务中的表现进行综合评价。综合等级按 A（100 ~ 90）、B（89 ~ 75）、C（74 ~ 60）、D（59 ~ 0）四个级别进行填写，见表 2-4-2。

表 2-4-2　学习任务综合评价表

考核项目	评价内容	配分	评价分数		
			自评	互评	师评
职业素养	安全防护用品穿戴整洁，仪容、仪表符合工作要求	5 分			
	安全意识、责任意识、服从意识强	6 分			
	积极参加教学活动，按时完成各种学习任务	6 分			
	团队合作意识强，善于与他人交流和沟通	6 分			
	自觉遵守劳动纪律，尊重师长、团结同学	6 分			
	爱护公物、节约材料，管理现场符合“6S”标准	6 分			
专业能力	专业知识查找及时、准确，有较强的自学能力	10 分			
	操作积极、训练刻苦，具有一定的动手能力	15 分			
	技能操作规范、注重维保工艺，工作效率高	10 分			
工作成果	月度维保符合工艺规范，功能满足要求	20 分			
	工作总结符合要求，展示成果制作质量高	10 分			
总分		100 分			
总评	自评 ×20%+ 互评 ×20%+ 师评 ×60%=	综合等级	教师（签名）：		

世赛知识

世界技能大赛奖牌与奖项

世界技能大赛所有正式项目排名第一、第二、第三的选手原则上分别获得金牌、银牌、铜牌。

除金牌、银牌、铜牌之外，每个竞赛项目还会在选手中评选出优胜奖获得者。优胜奖通常由多名（组）选手获得，选手得分达到或超过 700 分但未获奖牌者可获得优胜奖。另外，世界技能大赛还设置了“国家（地区）最优选手”“阿尔伯特·维达大奖”等奖项。

通常，每个国家或地区参赛选手中得分最高或获最高奖牌且获本国（地区）技术代表提名者将被授予“国家（地区）最优选手”奖项。在第 44 届世界技能大赛上，我国数控铣项目选手杨登辉获此殊荣。

阿尔伯特·维达大奖是以世界技能组织创始人阿尔伯特·维达先生的名字命名的奖项，该奖项用于奖励每一届世界技能大赛所有竞赛项目中获得最高分的选手。在第 44 届世界技能大赛上，我国工业机械装调项目选手——江苏省常州技师学院学生宋彪荣膺此奖项。

世界技能大赛上所有未获得奖牌或奖项的参赛选手可以获得参赛证书，这同样是一种荣誉。下图所示为第 45 届世界技能大赛奖牌。

第 45 届世界技能大赛奖牌

学习任务三　工业机器人工作站年度维护与保养

学习目标

1. 能读懂年度维保任务单，并与班组长、设备工程师现场沟通，明确年度维保工作任务。
2. 能通过阅读年度维保任务单，查阅维保资料，观察现场设备使用情况，与班组长、设备工程师现场讨论，明确年度维保项目及工作内容。
3. 能根据年度维保项目及工作内容，制定年度维保作业流程，并将确定的维保顺序和工作内容写在年度维保表中。
4. 能根据年度维保工作内容，列出工时要求、人员配合需求和维保工具、材料清单。
5. 能根据清单，在维保作业开始前领取相关维保工具和材料。
6. 能按照工业机器人工作站年度维保作业流程及规范，以小组合作方式，使用专用维保工具和材料，对工业机器人、焊接系统及非标辅助设备进行检查、清洁、润滑和调整，对易损件进行更换或调整作业。
7. 能按照工业机器人工作站年度维保作业流程及规范，以小组合作方式，使用注油枪等工具更换机器人减速箱的润滑脂，对旧润滑脂的清理要符合环境保护的要求。
8. 在规定时间内完成年度维保项目，并能参照世界技能大赛现场管理要求清理工作现场。
9. 维保作业完成后，能根据维保任务单对工作站进行自检。
10. 自检合格后，能操作工业机器人设备，使工作站恢复到正常运行状态。
11. 能对已完成的工作进行总结和存档。
12. 能现场判断维保工作是否合理，对需要补充的项目提出合理建议。

24 学时

工作情境描述

某家具生产公司主要生产沙发，引进了一套工业机器人焊接工作站，用于沙发支架的焊接。该工作站由1台6轴工业机器人、1套焊机及清枪器、2套焊接夹具、1套除烟装置、1套PLC总控系统组成。根据设备维保手册和公司对设备的管理要求，结合设备上年度运行情况、故障情况及近期的生产计划，需利用假期停产三天对设备进行年度维护与保养工作。设备维修班组长、主管工程师和操作调整工共同在现场确定维保项目后，由操作调整工在规定时间内安全规范地完成工业机器人焊接工作站的年度维护与保养。

工作流程与活动

1. 明确工作任务，制定年度维保作业流程（4学时）
2. 确定年度维护与保养工作用品（2学时）
3. 实施年度维护与保养（16学时）
4. 工作总结与评价（2学时）

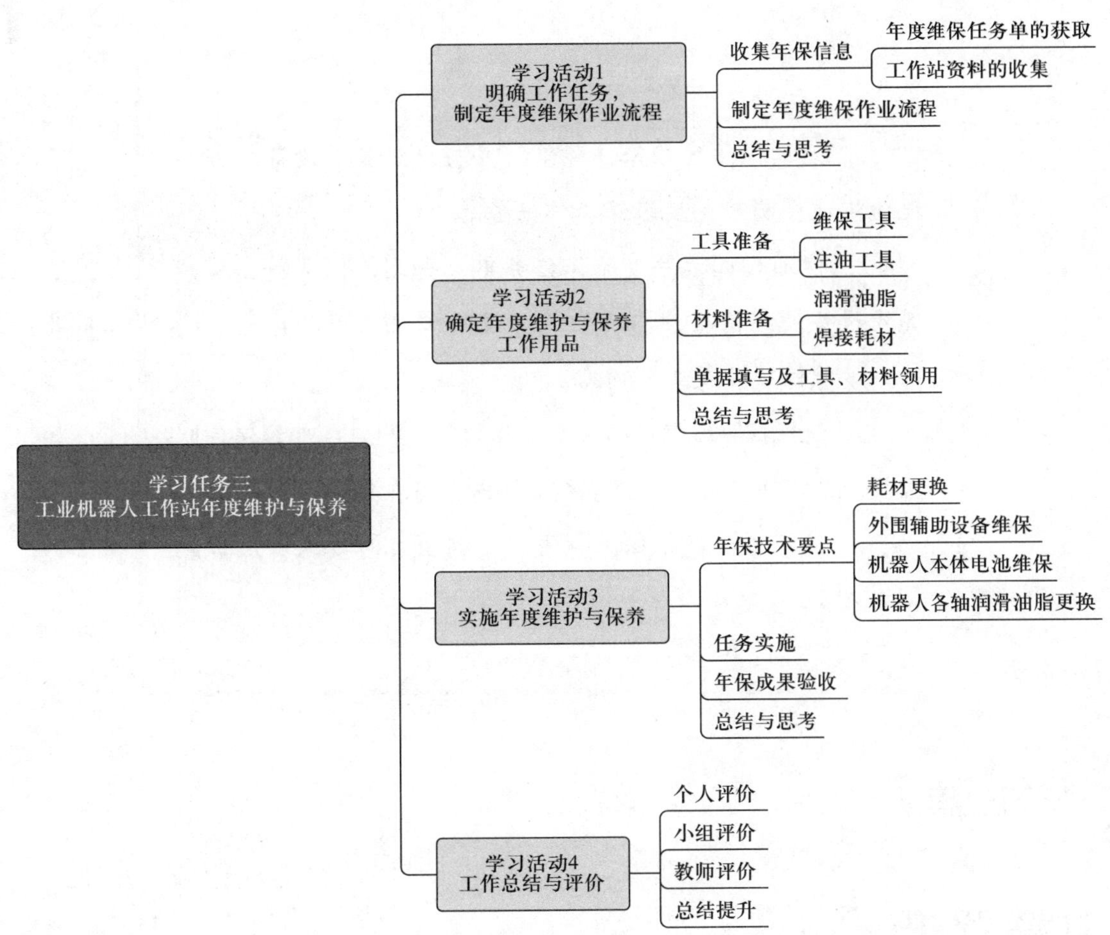
学习任务三
工业机器人工作站年度维护与保养
学习活动1
明确工作任务，
制定年度维保作业流程
收集年保信息
年度维保任务单的获取
工作站资料的收集
制定年度维保作业流程
总结与思考
学习活动2
确定年度维护与保养
工作用品
工具准备
维保工具
注油工具
材料准备
润滑油脂
焊接耗材
单据填写及工具、材料领用
总结与思考
学习活动3
实施年度维护与保养
年保技术要点
耗材更换
外围辅助设备维保
机器人本体电池维保
机器人各轴润滑油脂更换
任务实施
年保成果验收
总结与思考
学习活动4
工作总结与评价
个人评价
小组评价
教师评价
总结提升

学习活动 1　明确工作任务，制定年度维保作业流程

1. 能读懂年度维保任务单，并与班组长、设备工程师现场沟通，明确年度维保工作任务。

2. 能通过阅读年度维保任务单，查阅维保资料，观察现场设备使用情况，与班组长、设备工程师现场讨论，明确年度维保项目及工作内容。

3. 能根据年度维保项目及工作内容，制定年度维保作业流程，并将确定的维保顺序和工作内容写在年度维保表中。

4. 能根据年度维保工作内容，列出工时要求和人员配合需求。

建议学时：4 学时

一、收集年保信息

1．年度维保任务单的获取

操作调整工从设备维修班组长处领取表 3-1-1 所示年度维保任务单，了解工业机器人工作站年度维保项目。

表 3-1-1　　某电机制造有限公司自动化设备年度维保任务单

×× 电机制造有限公司自动化设备年度维保任务单			
			编号：20201201
下单日期	20×× 年 ×× 月 ×× 日	签发人	
签发日期	20×× 年 ×× 月 ×× 日	接收人	
设备名称	机器人沙发支架焊接工作站	设备编号	HJ-152311

续表

<table>
<tr><td>维保要求</td><td colspan="6">为消除设备安全隐患，延长使用周期，现落实企业设备年检工作
请设备管理科根据第四季度生产安排及相关设备本周期使用状况，对生产车间的机器人沙发支架焊接工作站进行年度维护与保养
要求维保人员在 3 个工作日内，按照保养要求完成机器人及外围辅助设备的年度维护与保养工作</td></tr>
<tr><td>验收标准</td><td colspan="6">1. 遵守工业机器人国家标准及安全生产要求
2. 遵守工业机器人行业、企业维保作业规范和“6S”管理要求
3. 遵守设备维护与保养要求，对机器人及外围辅助设备进行年度保养，预防潜在生产危险，使设备保持良好运行状态</td></tr>
<tr><td>维保开始时间</td><td></td><td>维保结束时间</td><td></td><td>维保用时</td><td colspan="2"></td></tr>
<tr><td>异常情况分析</td><td colspan="6"></td></tr>
<tr><td rowspan="3">再发异常防止及改善措施</td><td colspan="2">设备部件 / 材料</td><td colspan="2">设备编号 / 订货号</td><td colspan="2">预防建议</td></tr>
<tr><td colspan="2"></td><td colspan="2"></td><td colspan="2"></td></tr>
<tr><td colspan="2"></td><td colspan="2"></td><td colspan="2"></td></tr>
<tr><td rowspan="2">验收结论</td><td>使用部门负责人意见</td><td colspan="5">签名：</td></tr>
<tr><td>部门分管领导审核</td><td colspan="5"></td></tr>
<tr><td colspan="7">备注：本维保任务单要求进行归档处理（保存期限一年）</td></tr>
</table>

2. 工作站资料的收集

为更好地制定年度维保内容，请从档案室领取以下资料，查阅相关维保手册，结合现场实际工作站情况，对工作站年度保养内容进行讨论。

（1）焊接工作站图片资料

观察图 3–1–1 所示焊接工作站示意图，填写表 3–1–2 所示焊接工作站设备组成及作用。

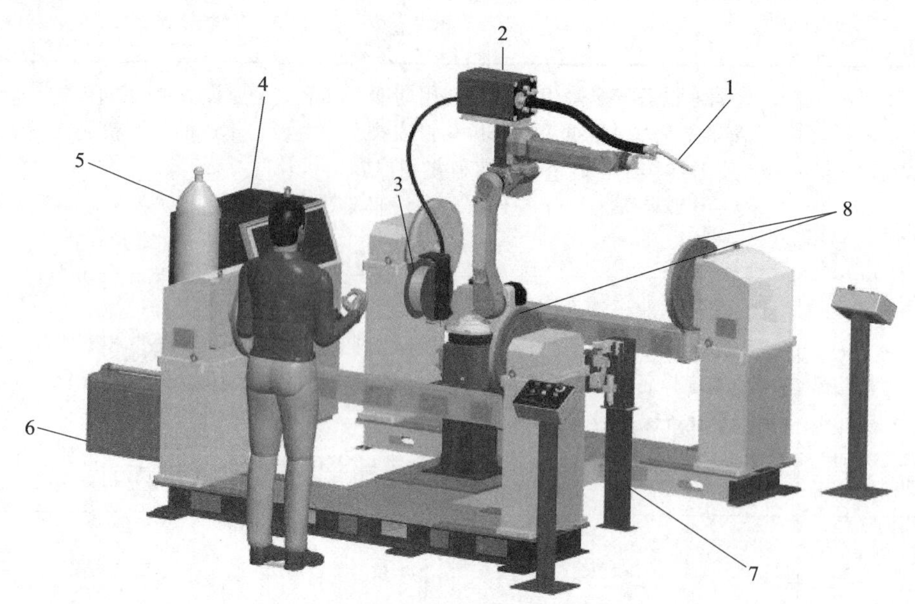

图 3-1-1 焊接工作站示意图

表 3-1-2 焊接工作站设备组成及作用

序号	设备名称	作用
1		
2		
3		
4		
5		
6		
7		
8		
—	除烟装置	用于将焊接过程中产生的有害气体通过稀释、过滤、吸附等方式进行无害化处理，减少密闭空间内有害气体对人体造成的损害

为完成机器人焊接工艺，焊接工作站除配备机器人本体及控制柜外，还包括相关焊接设备（如焊机、焊枪等）。因熔化极气体保护焊通过低电压、大电流产生的高温来熔化焊丝，生产过程中将伴随高温、强光及焊料飞溅。若不对工作站设备进行维护与保养，容易导致堵塞、松动、材料老化等问题。其中，越靠近焊接工作点越需要重点关注。

（2）设备年度运行情况记录表

查阅表 3-1-3 所示工业机器人焊接工作站年度运行情况记录表（节选），针对工作站运行及使用过程中存在的问题，对工作站年度保养内容进行诊断。

表 3-1-3　　工业机器人焊接工作站年度运行情况记录表（节选）

×× 电机制造有限公司自动化设备运行情况记录表				
设备名称	工业机器人焊接工作站	设备编号	HJ-152311	
日期	生产设备异常情况记录	值班员	处理结果	处理人
20×× 年 1 月 2 日	正常	方 ××		
20×× 年 1 月 3 日	正常	方 ××		
20×× 年 1 月 4 日	送丝异常	陈 ××	送丝机卡扣松动，已调整	赵 ××
20×× 年 5 月 5 日	焊机焊接电源电压波动故障	陈 ××	已恢复	赵 ××
20×× 年 8 月 2 日	保护气体泄漏	方 ××	更换气罐	赵 ××
20×× 年 11 月 15 日	正常	陈 ××		
20×× 年 11 月 16 日	正常	陈 ××		

（3）故障总结报告

查阅表 3-1-4 所示工业机器人焊接工作站故障总结报告，针对机器人运行过程中存在的故障，对机器人年度保养内容进行诊断。

表 3-1-4　　工业机器人焊接工作站故障总结报告

故障总结报告
关于工业机器人焊接工作站（设备编号为 HJ-152311）20×× 年度故障总结 经查阅工作站日保、月保记录及机器人历史报警记录，本年度主要对工业机器人沙发支架焊接工作站进行如下故障检修及耗材更换： 1. 对因焊接磨损的导电嘴进行更换。（平均每生产 73.3 件需更换一个导电嘴） 2. 对因焊接消耗的焊丝进行更换。（平均每生产 52.6 件需更换一盘焊丝） 3. 因噪声过大，对除烟装置进行滤网除尘处理。（11 月 6 日） 4. 机器人局部发热，排油口密封垫圈有少量油液渗出，且油液发黑。建议下次维保进行润滑油脂更换工作。 报告人：赵 ×× 时间：20×× 年 11 月 16 日

（4）第四季度生产计划表

查阅如图 3-1-2 所示第四季度生产计划，根据相关部门的生产计划安排，确定在合适的时间进行年度维护与保养，并说明理由。

第四季度生产计划表一																														
责任部	10月																													
	10日	11日	12日	13日	14日	15日	16日	17日	18日	19日	20日	21日	22日	23日	24日	25日	26日	27日	28日	29日	30日	31日	1日	2日	3日	4日	5日	6日	7日	8日
框架生产部		型号：GETC-2021批次框架工序一																		型号：GETC-2021批次框架工序二										
外饰加工部		型号：GETC-2021批次外饰工序一																		型号：GETC-2021批次外饰工序二										
内衬加工部		型号：GETC-2021批次内衬工序一																		型号：GETC-2021批次内衬工序二										
总装质检部				型号：GETC-2021批次总装工序一																		型号：GETC-2021批次总装工序二								

第四季度生产计划表二																																			
11月																						12月													
9日	10日	11日	12日	13日	14日	15日	16日	17日	18日	19日	20日	21日	22日	23日	24日	25日	26日	27日	28日	29日	30日	1日	2日	3日	4日	5日	6日	7日	8日	9日	10日	11日	12日	13日	14日
型号：GETC-2021批次框架工序三																					框架工序四					框架工序五									
型号：GETC-2021批次外饰工序三																					外饰工序四					外饰工序五									
型号：GETC-2021批次内衬工序三																					内衬工序四					内衬工序五									
	型号：GETC-2021批次总装工序三																						质检												

图 3-1-2　第四季度生产计划

（5）定期检修表

查阅 FANUC 工业机器人维保手册，提取表 3-1-15 所示定期检修表，从表中提取本次维保任务中机器人设备所需执行的操作内容。

表 3-1-15　定期检修表

检修和更换项目			检修时间	供油量（供脂量）	首次检修 320 h	3 个月 960 h	6 个月 1 920 h	9 个月 2 880 h	1 年 3 840 h
机构部分	1	机构内电缆、焊接电缆的损伤及扭曲情况检查	0.2 h	—		○			○
	2	电动机连接器、其他外露连接器的松动情况检查	0.2 h	—		○			○
	3	末端执行器安装螺钉的紧固	0.2 h	—		○			○
	4	盖板安装螺栓、外部主要螺栓的紧固	2.0 h	—		○			○
	5	机械式制动器的检修	0.1 h	—		○			○
	6	垃圾、灰尘等的清除	1.0 h	—		○			○
	7	末端执行器（机械手）电缆的检修	0.1 h	—		○			○
	8	J4、J5、J6 轴油量计油量的确认	0.1 h	—	○	○	○	○	○

续表

		检修和更换项目	检修时间	供油量（供脂量）	首次检修 320 h	3 个月 960 h	6 个月 1 920 h	9 个月 2 880 h	1 年 3 840 h
机构部分	9	电池的更换（*1）	0.1 h	—					●
		电池的更换（*2）（*3）	0.1 h	—					
	10	J1 轴减速机润滑脂的更换（*3）	0.5 h	870 mL					
	11	J2 轴减速机润滑脂的更换（*3）	0.5 h	330 mL					
	12	J3 轴减速机润滑脂的更换（*3）	0.5 h	190 mL					
	13	J4 轴齿轮箱润滑油的更换（*3）	0.5 h	480 mL（*4） 780 mL（*5）					
	14	J5、J6 轴齿轮箱润滑油的更换（*3）	0.5 h	400 mL					
	15	机构内电缆的更换（*3）	4.0 h	—					
	16	机构内焊接电源电缆的更换（*3）	4.0 h	—					
	17	物料搬运导线管、防尘物料搬运导线管的更换（*3）	1.0 h	—					
	18	环氧树脂损伤情况的检查	0.1 h	—	○	○	○	○	○
控制装置	19	示教器和操作箱连接电缆、机器人连接电缆的损坏情况检查	0.2 h	—		○			○
	20	通风口的清洁	0.2 h	—	○	○	○	○	○
	21	电池的更换（*6）	0.1 h	—					

注：*1 ARC Mate 100iC、M-10iA、ARC Mate 100iC/6L、M-10iA/6L ARC Mate 100iC/10S、M-10iA/10S

*2 ARC Mate 100iCe、M-10iAe、ARC Mate 100iCe/6L、M-10iAe/6L

*3 请参照机构部分的说明书

*4 ARC Mate 100iC/10S、M-10iA/10S 以外

*5 ARC Mate 100iC/10S、M-10iA/10S

*6 请参照控制装置的说明书

● 需要准备部件的项目

○ 不需要准备部件的项目

二、制定年度维保作业流程

1．结合年度维保任务单及所收集的工作站资料，通过小组合作方式，确定表 3-1-16 所示工业机器人焊接工作站年度维保表的年度维保项目（作业流程）及实施日期，按维保工作开展顺序将维保项目（作业流程）有序填入相应位置，并送相关人员审议。

表 3-1-16 工业机器人焊接工作站年度维保表

<table>
<tr><td colspan="6">×× 电机制造有限公司自动化设备年度维保表</td></tr>
<tr><td colspan="4" rowspan="2">工业机器人焊接工作站 ____ 年度维保表</td><td>设备名称</td><td></td></tr>
<tr><td>型号</td><td></td></tr>
<tr><td>计划制订人</td><td colspan="2"></td><td>实施日期</td><td colspan="2"></td></tr>
<tr><td></td><td>顺序</td><td>维保项目（作业流程）</td><td>工时要求</td><td>执行人员</td><td>执行情况</td></tr>
<tr><td rowspan="2">年保内容</td><td>1</td><td></td><td></td><td></td><td></td></tr>
<tr><td>2</td><td></td><td></td><td></td><td></td></tr>
</table>

续表

	顺序	维保项目（作业流程）	工时要求	执行人员	执行情况
年保内容	3				
	4				
	5				
	6				
	7				
	8				
	9				
	10				
	11				
	12				
	13				
	14				
	15				
审核意见	签名：				
备注：本年度维保表适用于操作调整工对工业机器人焊接工作站进行设备年度维护与保养，请补充完善年保内容及执行人员，并在规定时间内完成工作站的维护与保养操作					

2．请根据表 3-1-16 所示年度维保表中列出的内容进行合理分工，补充工时要求及人员分工。

三、总结与思考

请归纳、总结操作调整工需要检查机器人工作站的部位，并列举机器人焊接工作站的年度维保注意事项。

学习活动 2　确定年度维护与保养工作用品

学习目标

1. 能根据年度维护与保养工作内容，列出维保工具和材料清单。

2. 能根据清单，在维保作业开始前领取相关维保工具和材料。

建议学时：2 学时

学习过程

一、工具准备

1．维保工具

请参照日保、月保中涉及的维保工具，针对本次年保任务，列出所需准备的维保工具清单。

2．注油工具

（1）润滑油添加工具

如图 3-2-1 所示，在添加润滑油时，可使用 FANUC 工业机器人指定注油枪，请写出其使用方法。

图 3-2-1　注油枪

（2）润滑脂添加工具

1）如图 3-2-2 所示，在添加润滑脂时，可使用普通黄油枪，请写出其使用方法。

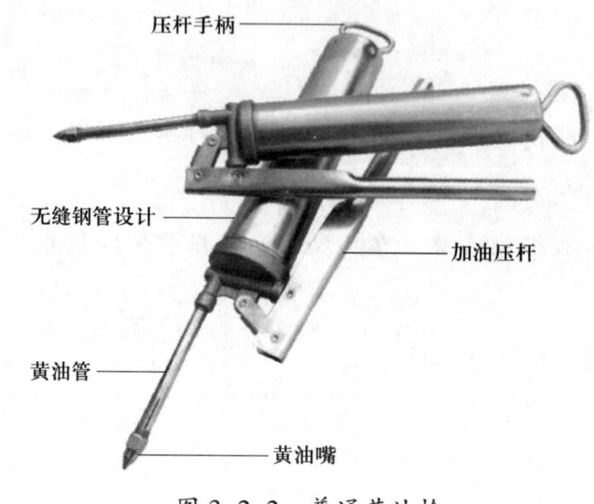

图 3-2-2　普通黄油枪

2）如图 3-2-3 所示，在添加润滑脂时，也可使用黄油机对设备进行更换润滑脂工作，请写出其使用方法。

图 3-2-3　黄油机

二、材料准备

1．润滑油脂

为发挥设备运行最佳性能，设备厂家为机器人量身定做了黏度适用于减速机及减速器的润滑油脂，在正常保养的情况下，可以保证减速机及减速器始终处于最佳工作状态。如图 3-2-4 所示为 FANUC 工业机器人指定润滑油脂。

图 3-2-4　FANUC 工业机器人指定润滑油脂

请技术人员查阅表 3-2-1 所示机器人指定润滑油脂相关资料，正确选择润滑油脂型号，列举润滑油脂选择步骤。

表 3-2-1　　机器人指定润滑油脂以及供油脂量

<table>
<tr><th>供油脂部位</th><th>供油脂量</th><th>注油枪前端压力</th><th>指定润滑油脂</th></tr>
<tr><td>J1 轴减速机</td><td>785 g（870 mL）</td><td rowspan="6">0.1 MPa 以下</td><td rowspan="3">协同润滑脂
VIGOGREASE RE0
A98L-0040-0174</td></tr>
<tr><td>J2 轴减速机</td><td>300 g（330 mL）</td></tr>
<tr><td>J3 轴减速机</td><td>170 g（190 mL）</td></tr>
<tr><td>J4 轴齿轮箱
（ARC Mate 100iC/10S、M-10iA/10S 以外）</td><td>408 g（480 mL）</td><td rowspan="3">润滑油
吉坤日矿日石能源
BONNO AX68
A98L-0040-0233</td></tr>
<tr><td>J4 轴齿轮箱
（ARC Mate 100iC/10S、M-10iA/10S）</td><td>663 g（780 mL）</td></tr>
<tr><td>J5、J6 轴齿轮箱</td><td>340 g（400 mL）</td></tr>
</table>

2．焊接耗材

（1）导电嘴

如图 3–2–5 所示，导电嘴是焊接设备易损件，属于焊接耗材，是焊枪最尾端部分。其作用是在机器人焊接时导送焊丝并直接向焊丝传递电流，故称导电嘴。如图 3–2–6 所示为导电嘴内部示意图。导电嘴内孔与焊丝接触而导电，导电嘴外表面与喷嘴内壁之间流过保护气体。

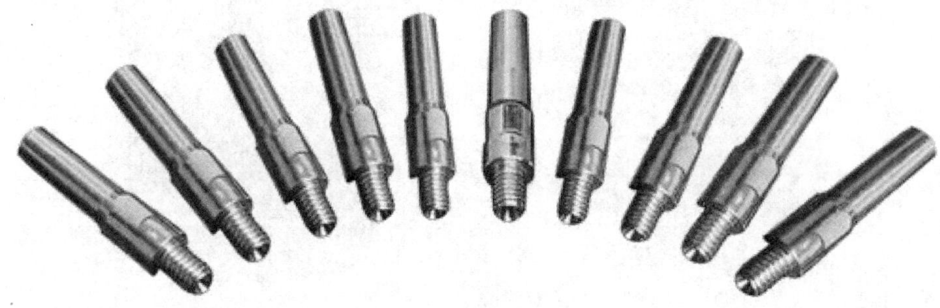

图 3–2–5　不同规格的导电嘴

图 3–2–6　导电嘴内部示意图

请查阅资料，写出选用导电嘴的注意事项。

（2）焊丝

如图 3–2–7 所示，焊丝是作为填充金属或同时作为导电用的金属丝焊接材料。焊丝按其结构可分为实芯焊丝和药芯焊丝。在规格上，焊丝直径常见的有 0.8 mm、0.9 mm、1.0 mm、1.2 mm、1.4 mm、1.6 mm、2.0 mm 等。

图 3–2–7　焊丝及焊丝盘实物

请查阅资料，写出选用焊丝的注意事项。

三、单据填写及工具、材料领用

根据年保任务需求填写工具领用单及材料领用单，见表 3–2–2 和图 3–2–1，从工具室领取维保工具，从材料室领取材料。注意检查维保工具和材料型号、规格及质量，确保正确无误。

表 3–2–2　工具领用单

<table>
<tr><td colspan="8">工具领用单
时间：　　年　　月　　日</td></tr>
<tr><td>申请</td><td>组别</td><td></td><td>领用人</td><td></td><td colspan="2">组长</td><td></td></tr>
<tr><td>缘由</td><td colspan="7"></td></tr>
<tr><td>核准</td><td>技术主管</td><td></td><td>工程师</td><td></td><td colspan="2">库房</td><td></td></tr>
<tr><td>序号</td><td>名称</td><td>型号</td><td>规格</td><td>数量</td><td>单位</td><td>实发</td><td>备注</td></tr>
<tr><td>1</td><td></td><td></td><td></td><td></td><td></td><td></td><td></td></tr>
<tr><td>2</td><td></td><td></td><td></td><td></td><td></td><td></td><td></td></tr>
<tr><td>3</td><td></td><td></td><td></td><td></td><td></td><td></td><td></td></tr>
<tr><td>4</td><td></td><td></td><td></td><td></td><td></td><td></td><td></td></tr>
</table>

续表

序号	名称	型号	规格	数量	单位	实发	备注
5							
6							
7							
8							
9							
10							
备注	1. 库房根据工具领用单信息发放工具。 2. 工具领用单归库房存档。 3. 申请工具较多时可另附上详细需求清单，如有资产编号，需填写。						

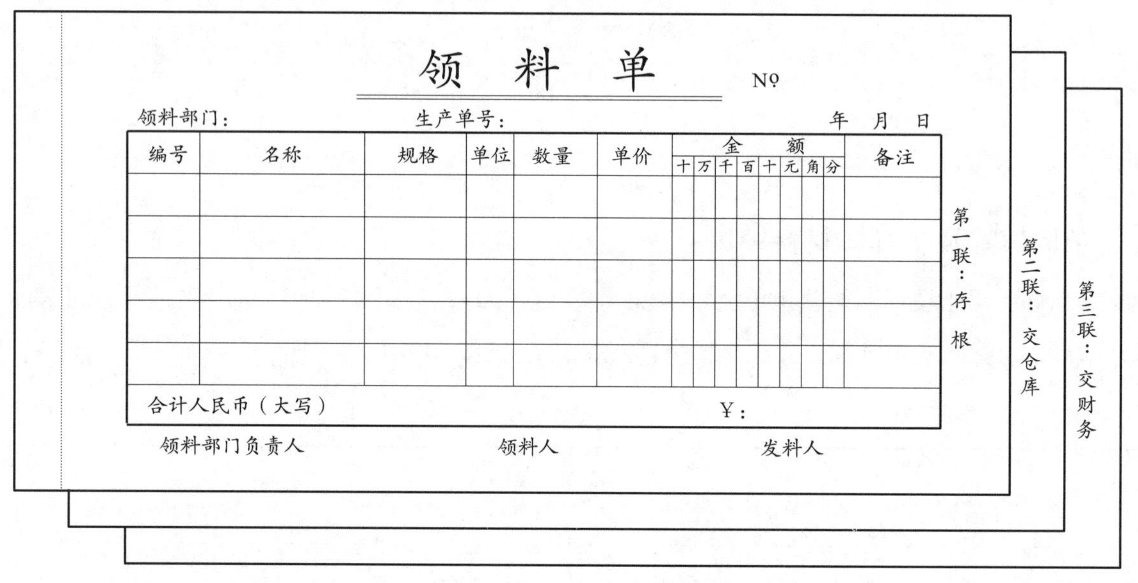

领 料 单 №

领料部门： 生产单号： 年 月 日

编号	名称	规格	单位	数量	单价	金额								备注
						十	万	千	百	十	元	角	分	
合计人民币（大写）						¥：								

领料部门负责人 领料人 发料人

第一联：存根

第二联：交仓库

第三联：交财务

图 3-2-1 材料领用单

四、总结与思考

请对比总结注油枪、黄油枪与黄油机在使用时的差异。

学习活动 3　实施年度维护与保养

学习目标

1. 能按照工业机器人工作站年度维保作业流程及规范，以小组合作方式，使用专用维保工具和材料，对工业机器人、焊接系统及非标辅助设备进行检查、清洁、润滑和调整。

2. 能按照工业机器人工作站年度维保作业流程及规范，以小组合作方式，使用工具对易损件进行更换或调整作业，并在年度维保表上做好记录。

3. 能按照工业机器人工作站年度维保作业流程及规范，以小组合作方式，使用注油枪等工具更换机器人减速机（箱）的润滑油脂，对旧润滑油脂的清理要符合环境保护的要求。

4. 在规定时间内完成年度维保项目，并能参照世界技能大赛现场管理要求清理工作现场。

5. 维保作业完成后，能根据年度维保任务单对工作站进行自检。

6. 自检合格后，能操作工业机器人设备，使工作站恢复到正常运行状态。

7. 能及时做好过程记录，正确填写相关表格，交付班组长检查。

建议学时：16 学时

学习过程

一、年保技术要点

1．耗材更换

（1）导电嘴更换

如图 3–3–1 所示为导电嘴更换示意图。请查阅相关资料，写出更换导电嘴的方法。

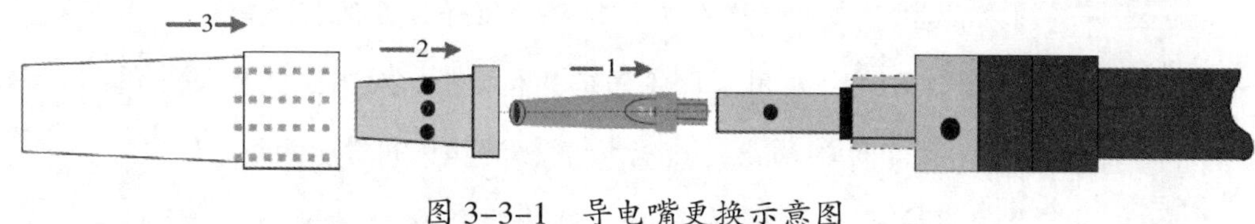

图 3–3–1 导电嘴更换示意图

（2）焊丝更换

如图 3–3–2 所示为送丝机及送丝元件。请查阅资料，写出更换焊丝的操作方法。

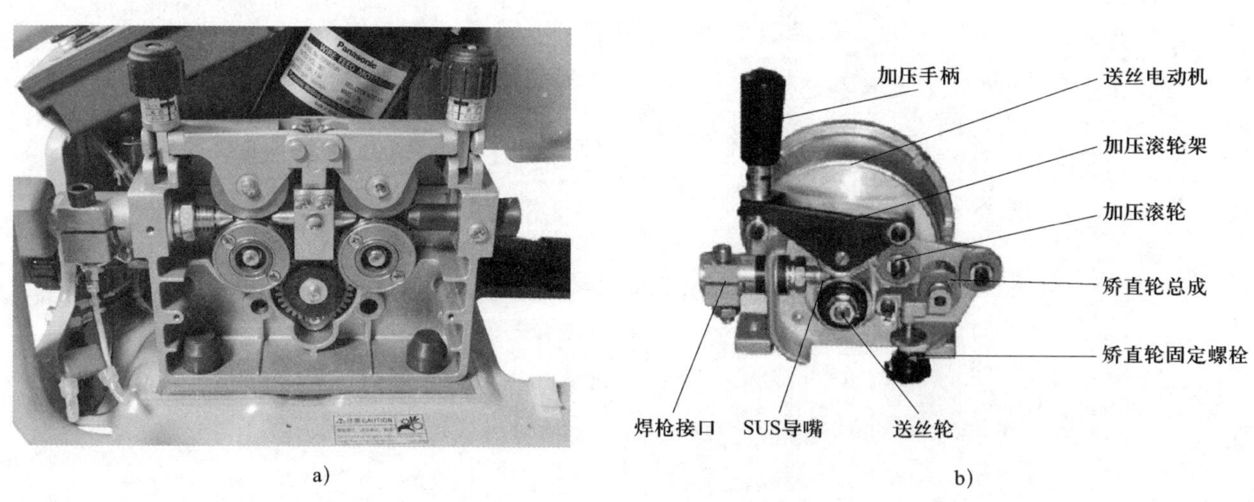

图 3–3–2 送丝机及送丝元件

a）送丝机 b）送丝元件

2．外围辅助设备维保

（1）焊机

如图 3–3–3 所示为福尼斯焊机及其铭牌。请查阅维保手册及资料，补全福尼斯焊机维保要点，见表 3–3–1。

图 3–3–3　福尼斯焊机及其铭牌

表 3–3–1　福尼斯焊机维保要点

序号	维保要点
1	福尼斯焊机的输入电源电压必须根据设备所示连接电源__________，否则设备不能正常工作，甚至会烧坏
2	设备与电源的连接必须牢固，而且要选择正确的__________开关，否则将带来安全隐患，例如，连接处出现打火现象，有可能引起火灾等

续表

序号	维保要点
3	如果电源输入线短，需加长时，必须注意：购置与焊接设备输入线________规格的线缆，必须是________芯线，并且有一条是________色为标志的地线。否则有可能将相线接到地线上去，这样将引起缺相，使设备不能正常工作，有可能会烧坏设备
4	由于有些工厂的电网存在一些问题，例如，地线和零线是同一根线，这就可能产生隐患。因福尼斯焊机有良好的接地，而且安装了地线________检测器，如果地线的电流大于________A，则会出现故障报警，所以应将输入电源的地线和零线分开。另外，应在福尼斯焊机的底部垫上绝缘物质
5	福尼斯焊机必须放置在安全位置，通风和散热良好
6	检查焊接程序是否正常，各连接处是否松动
7	在保修期内不要对焊接设备的任何部件进行随意拆卸，否则将视为人为损坏，生产厂家不会负责保修
8	每次开启焊机时，必须检查电源插头是否松动、电源线是否破损、焊枪是否正常、中继线是否正常、输出地线是否连接牢固
9	需确保焊机的进风口和出风口没有被杂物遮挡。若焊机使用环境恶劣，如烟尘、粉尘很多，应加装________，而且必须每_____个月用干燥的压缩空气对其进行清洁，否则将影响机器的散热效果
10	每____个月进行一次机器内部清洁，清洁时，必须保证电源________，注意安全。应注意电路板不能用________吹，因为电路板表面有易吹开的绝缘防护层。另外，若压缩空气内有水分，也不利于保护电路板。其他部位也可用干净、不含水分的压缩空气吹

（2）保护气体

焊接工作站需要在焊接过程中使用保护气体隔离氧气，以减少焊缝氧化现象，改善焊接效果。如图 3–3–4 所示为气体保护电弧焊保护气体气瓶，请查阅维保手册及相关高压气路资料，填写表 3–3–2 所示气瓶检修相关知识。

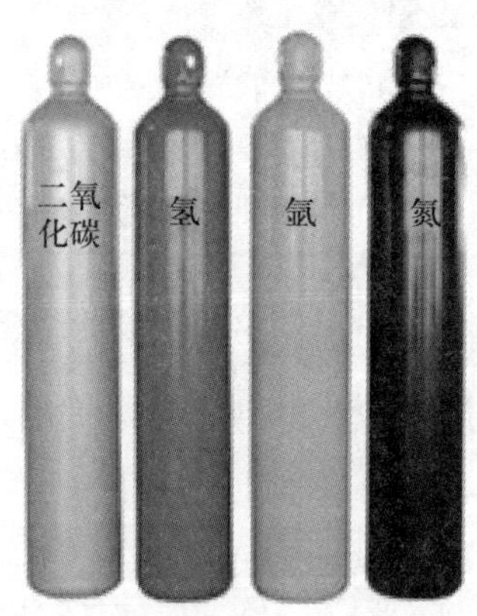

图 3–3–4　气体保护电弧焊保护气体气瓶

表 3-3-2　　气瓶检修相关知识

序号	气瓶检修相关知识
1	如图 3-3-4 所示，气体保护电弧焊包括利用＿＿＿＿＿气作为焊接区域保护气体的氩弧焊、利用＿＿＿＿＿作为焊接区域保护气体的二氧化碳保护焊等，其基本原理是在以电弧为热源进行焊接时，同时从喷枪的喷嘴中连续喷出保护气体，把空气与焊接区域中的熔化金属隔离开来，以保护电弧和焊接熔池中的液态金属不受大气中的氧气、氢气等污染，以达到提高焊接质量的目的
2	供焊接用的二氧化碳气体通常以＿＿＿＿＿态形式装入钢瓶中，钢瓶外涂有＿＿＿＿色，并写有黄色字“二氧化碳”的标志。容量为 40 L 的气瓶可灌装 26 kg 的液体，约占气瓶容积的 80%。需要了解瓶内二氧化碳余量时，可通过称钢瓶质量的办法或查看满瓶压力是否为 13 MPa 来获取。焊接设备中二氧化碳气瓶出口处常接入气瓶减压加热器，如图 3-3-5 所示。表 3-3-3 所示为车间特种气瓶检查表

图 3-3-5　气瓶减压加热器

表 3-3-3

车间特种气瓶检查表

气瓶 / 气罐编号：＿＿＿＿＿＿ 车间：＿＿＿＿＿＿ 使用位置点：＿＿＿＿＿＿ 20　年　月

序号	项目	日期																														
		1	2	3	4	5	6	7	8	9	10	11	12	13	14	15	16	17	18	19	20	21	22	23	24	25	26	27	28	29	30	31
1	压力表是否正常																															
2	各开关是否漏气																															
3	安全阀是否有效																															
4	瓶体 / 罐体是否有油污																															
5	瓶体 / 罐体是否有凹陷																															
6	回火装置是否齐全																															
7	胶管接头是否漏气																															
8	胶管是否有裂纹																															
9	压力表是否在检验期内																															
保养人（每天检查）																																
监督人（班组长每周检查）																																
记录栏																																
说明	正常状态用√表示，不正常状态用 × 表示，停用 / 放假用△表示																															

注：检查各连接位置是否漏气时，严禁使用火源检查，应使用洗衣粉或洗洁精勾兑一定量的自来水喷淋到要检查的部位，当出现气泡时，就说明该部位有漏气现象，需要及时切断气源开关，做好隔离标志，并报上级处理。

（3）清枪器

作为焊接工作站辅助设备，清枪器对机器人自动化焊接起到重要作用。清枪器用于清理在焊接作业过程中产生的黏堵在焊枪气体保护套内的飞溅物。如图 3–3–6 所示为清枪作业前后焊枪效果对比。

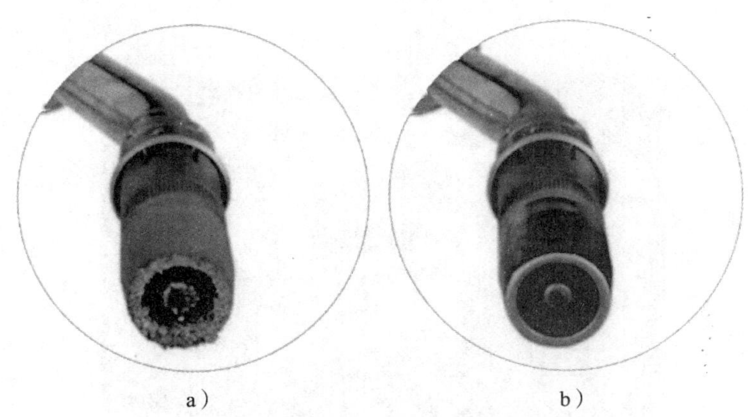

a）　　　　b）

图 3–3–6　清枪作业前后焊枪效果对比

a）清枪前　b）清枪后

请查阅维保手册及清枪器相关资料，针对清枪器不同工作部位，填写表 3–3–4 所示清枪器维保要点。

表 3–3–4　　清枪器功能及维保要点

序号	图示	功能	维保要点
1		剪丝	
2		清枪	
3		喷油	

3．机器人本体电池维保

机器人本体电池盒位于机器人的底座位置，操作调整工可以采用旋具来拆装。拆装过程中应注意电池盒盖弹出风险。电池盒盖拆开后，机器人本体电池盒位置如图 3–3–7 所示，请补全表 3–3–5 所示机器人本体电池更换要点。

图 3–3–7　机器人本体电池盒位置

表 3–3–5　机器人本体电池更换要点

序号	更换要点
1	在机器人__________的情况下，拧下机器人本体底座电池盒螺钉
2	抽出电池棒，更换电池，注意电池极性。具体方向可参照电池盒上图标指示进行辨别
3	盖上__________

4．机器人各轴润滑油脂更换

对机器人各轴进行润滑油脂更换时，由于各轴减速机或齿轮箱安装位置及工作强度不同，造成更换润滑油脂的方法存在一定差异。

（1）机器人 J1 ～ J3 轴润滑脂更换要点见表 3–3–6。

表 3-3-6　　机器人 J1 ~ J3 轴润滑脂更换要点

<table>
<tr><th>序号</th><th>图示</th><th>操作步骤</th></tr>
<tr><td>1</td><td>
<table>
<tr><th colspan="2" rowspan="2">供脂部位</th><th colspan="6">姿势</th></tr>
<tr><th>J1</th><th>J2</th><th>J3</th><th>J4</th><th>J5</th><th>J6</th></tr>
<tr><td rowspan="4">J1 轴减速机供脂姿势</td><td>地面安装</td><td rowspan="12">任意</td><td rowspan="4">任意</td><td rowspan="4">任意</td><td rowspan="12">任意</td><td rowspan="12">任意</td><td rowspan="12">任意</td></tr>
<tr><td>顶吊安装</td></tr>
<tr><td>−90°壁挂安装</td></tr>
<tr><td>+90°壁挂安装</td></tr>
<tr><td rowspan="4">J2 轴减速机供脂姿势</td><td>地面安装</td><td>0°</td><td rowspan="4">任意</td></tr>
<tr><td>顶吊安装</td><td>−90°</td></tr>
<tr><td>−90°壁挂安装</td><td>90°</td></tr>
<tr><td>+90°壁挂安装</td><td>−90°</td></tr>
<tr><td rowspan="4">J3 轴减速机供脂姿势</td><td>地面安装</td><td>0°</td><td>0°</td></tr>
<tr><td>顶吊安装</td><td>0°</td><td>180°</td></tr>
<tr><td>−90°壁挂安装</td><td>0°</td><td>0°</td></tr>
<tr><td>+90°壁挂安装</td><td>0°</td><td>0°</td></tr>
</table>
</td><td>移动机器人，使其成为相应的供脂姿势</td></tr>
<tr><td>2</td><td>—</td><td>切断控制装置的电源</td></tr>
<tr><td>3</td><td rowspan="3"> 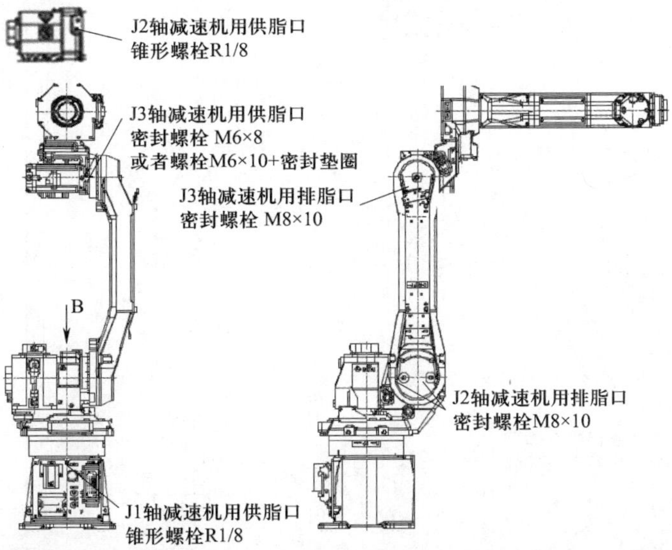J2轴减速机用供脂口
锥形螺栓R1/8
J3轴减速机用供脂口
密封螺栓 M6×8
或者螺栓M6×10+密封垫圈
J3轴减速机用排脂口
密封螺栓 M8×10
B
J2轴减速机用排脂口
密封螺栓M8×10
J1轴减速机用供脂口
锥形螺栓R1/8</td><td>拆除排脂口的密封螺栓</td></tr>
<tr><td>4</td><td>拆除供脂口的密封螺栓或者锥形螺栓，安装随附的润滑脂注入口</td></tr>
<tr><td>5</td><td>从供脂口供脂，直到＿＿＿＿＿＿的润滑脂也从排脂口排出为止</td></tr>
<tr><td>6</td><td>
<table>
<tr><th rowspan="2">润滑脂更换部位</th><th colspan="6">动作轴</th></tr>
<tr><th>J1 轴</th><th>J2 轴</th><th>J3 轴</th><th>J4 轴</th><th>J5 轴</th><th>J6 轴</th></tr>
<tr><td>J1 轴减速机</td><td>轴角度 60°以上，OVR100%（运行速率 100%）</td><td colspan="5">任意</td></tr>
<tr><td>J2 轴减速机</td><td>任意</td><td>轴角度 60°以上，OVR100%</td><td colspan="4">任意</td></tr>
<tr><td>J3 轴减速机</td><td colspan="2">任意</td><td>轴角度 60°以上，OVR100%</td><td colspan="3">任意</td></tr>
</table>
</td><td>供脂后，按照维保手册释放润滑脂槽内的残压</td></tr>
</table>

（2）机器人 J4 ~ J6 轴润滑油更换要点见表 3-3-7。

表 3-3-7　　　　机器人 J4 ~ J6 轴润滑油更换要点

序号	图示	操作步骤
1	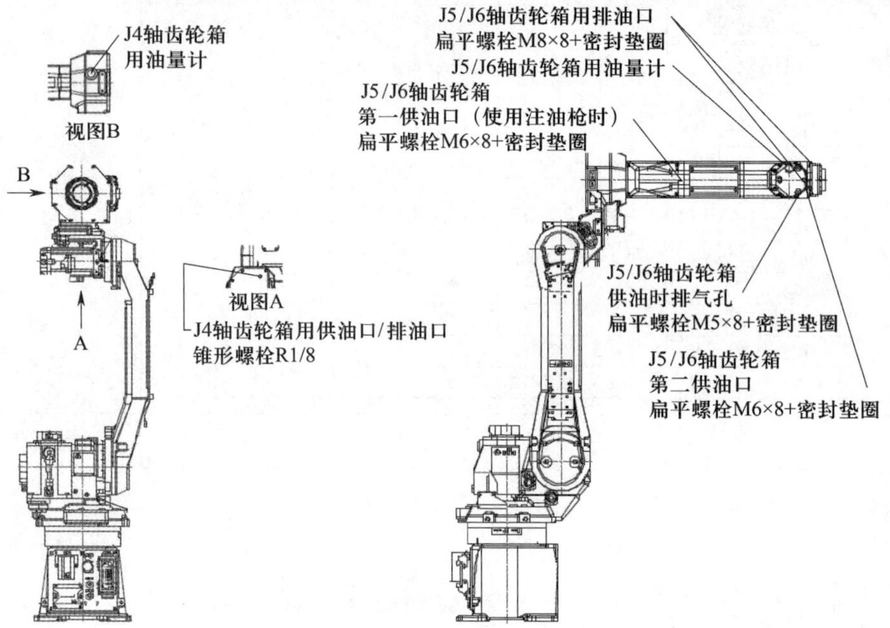 J4轴齿轮箱用油量计 视图B B 视图A A J4轴齿轮箱用供油口/排油口 锥形螺栓R1/8 J5/J6轴齿轮箱用排油口 扁平螺栓M8×8+密封垫圈 J5/J6轴齿轮箱用油量计 J5/J6轴齿轮箱 第一供油口（使用注油枪时） 扁平螺栓M6×8+密封垫圈 J5/J6轴齿轮箱 供油时排气孔 扁平螺栓M5×8+密封垫圈 J5/J6轴齿轮箱 第二供油口 扁平螺栓M6×8+密封垫圈 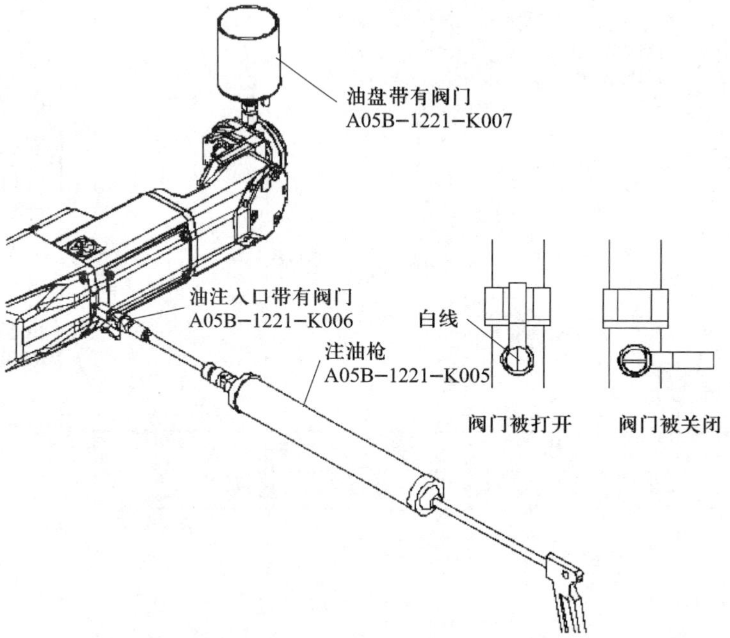 油盘带有阀门 A05B−1221−K007 油注入口带有阀门 A05B−1221−K006 注油枪 A05B−1221−K005 白线 阀门被打开　阀门被关闭	移动机器人，使其成为相应的排油姿势
2		切断控制装置的电源，拆除排油口的密封螺栓
3		待其将旧油排干，安装排油口密封螺栓，恢复控制装置电源
4		移动机器人，使其成为相应的供油姿势，再切断控制装置电源
5		拆除供油口的密封螺栓或者锥形螺栓，安装随附的润滑油注入口
6	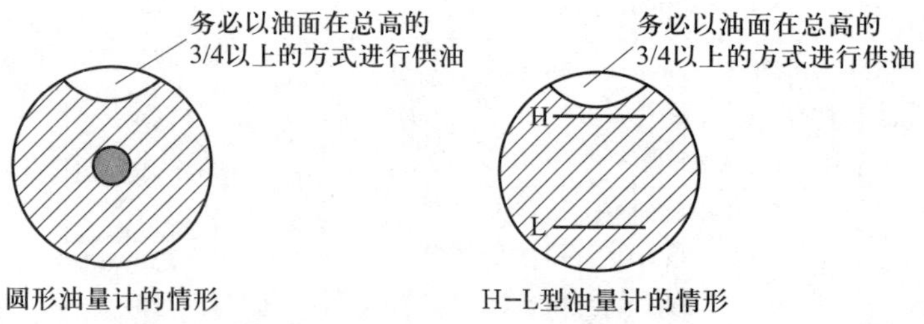 务必以油面在总高的3/4以上的方式进行供油 圆形油量计的情形 务必以油面在总高的3/4以上的方式进行供油 H L H−L型油量计的情形	从供油口供油，直到从油量计观察到油面高度达到相应要求

续表

<table>
<tr><th>序号</th><th>图示</th><th>操作步骤</th></tr>
<tr><td>7</td><td>
<table>
<tr><th rowspan="2">润滑油更换部位</th><th colspan="6">动作轴</th></tr>
<tr><th>J1 轴</th><th>J2 轴</th><th>J3 轴</th><th>J4 轴</th><th>J5 轴</th><th>J6 轴</th></tr>
<tr><td>J4 轴齿轮箱</td><td colspan="3">任意</td><td>轴角度 60° 以上，OVR100%</td><td colspan="2">任意</td></tr>
<tr><td>J5 轴齿轮箱</td><td colspan="4">任意</td><td>轴角度 60° 以上，OVR100%</td><td>任意</td></tr>
<tr><td>J6 轴齿轮箱</td><td colspan="5">任意</td><td>轴角度 60° 以上，OVR100%</td></tr>
</table>
</td><td>供油后，按照维保手册释放残压</td></tr>
</table>

对比机器人 J1 ~ J3 轴润滑脂的更换与机器人 J4 ~ J6 轴润滑油的更换，可发现两者在排除旧油脂的方法上存在差异，请讨论产生该差异的原因。

二、任务实施

1．在实施工业机器人工作站年度维护与保养前，需穿戴安全防护用品，遵循安全操作规范。请列举本次维保任务实施过程中所需穿戴的安全防护用品及实施过程中所需关注的安全操作规范。

2．请根据制定的年度维保内容，完成工业机器人工作站的相关年保操作，记录在表 3–3–8 所示工业机器人工作站年度维保表中。

表 3–3–8　　工业机器人工作站年度维保表

<table>
<tr><td colspan="6">×× 电机制造有限公司自动化设备年度维保表</td></tr>
<tr><td colspan="4" rowspan="2">工业机器人工作站 ____ 年度维保表</td><td>设备名称</td><td></td></tr>
<tr><td>型号</td><td></td></tr>
<tr><td colspan="2">计划制订人</td><td></td><td>实施日期</td><td colspan="2"></td></tr>
<tr><td></td><td>顺序</td><td>维保项目（作业流程）</td><td>工时要求</td><td>执行人员</td><td>执行情况</td></tr>
<tr><td rowspan="15">年保
内容</td><td>1</td><td></td><td></td><td></td><td></td></tr>
<tr><td>2</td><td></td><td></td><td></td><td></td></tr>
<tr><td>3</td><td></td><td></td><td></td><td></td></tr>
<tr><td>4</td><td></td><td></td><td></td><td></td></tr>
<tr><td>5</td><td></td><td></td><td></td><td></td></tr>
<tr><td>6</td><td></td><td></td><td></td><td></td></tr>
<tr><td>7</td><td></td><td></td><td></td><td></td></tr>
<tr><td>8</td><td></td><td></td><td></td><td></td></tr>
<tr><td>9</td><td></td><td></td><td></td><td></td></tr>
<tr><td>10</td><td></td><td></td><td></td><td></td></tr>
<tr><td>11</td><td></td><td></td><td></td><td></td></tr>
<tr><td>12</td><td></td><td></td><td></td><td></td></tr>
<tr><td>13</td><td></td><td></td><td></td><td></td></tr>
<tr><td>14</td><td></td><td></td><td></td><td></td></tr>
<tr><td>15</td><td></td><td></td><td></td><td></td></tr>
<tr><td colspan="2">审核意见</td><td colspan="4">签名：</td></tr>
<tr><td colspan="6">备注：本年度维保表适用于操作调整工对工业机器人工作站进行设备年度维护与保养，请补充完善年保内容及执行人员，并在规定时间内完成对工作站的维护与保养操作</td></tr>
</table>

3．在维保实施过程中，通过表 3-3-9 所示机器人工作站年度维保过程记录表及时记录工作要点、注意事项等内容，便于后期归档总结。

表 3-3-9　　机器人工作站年度维保过程记录表

年度维保过程记录表
关于机器人焊接工作站（设备编号为 HJ-152311）________年度维保总结 经查阅工作站维护与保养记录及机器人历史报警记录，本年度主要对工业机器人焊接工作站进行如下维护与保养及耗材更换： 1. 2. 3. 4. 报告人： 时间：20　　年　　月　　日

4．完成年度维保工作后，进行工业机器人焊接工作站自检，填写表 3-3-10 所示 FANUC 工业机器人焊接工作站自检要点。

表 3-3-10　　FANUC 工业机器人焊接工作站自检要点

序号	自检内容	自检要点
1	______ 检查	启动机器人系统，在不启动焊接电源的情况下，检查机器人运动是否正常，确认不发生干涉、碰撞、报警及漏油情况
2	______ 检查	手动调试焊机，观察其出丝是否顺畅，气体保护系统是否存在泄漏情况，焊机电压、电流参数是否出现波动
3	综合联调检查	运行工作站程序，观察工作站整体运行情况，有无出现焊接异常、定位异常、未熔合漏焊等情况

5．完成维保作业后，参照世界技能大赛现场管理要求，见表 3-3-11，学习其评价等级与评价标准，以最高标准要求清理工作现场，并归还维保工具及材料。

表 3-3-11　　世界技能大赛机器人系统集成空间管理与绿色环保评分标准

编号	子标准描述	评判类型（M 代表衡量，J 代表评判）	评判细则	评判得分	其他方面细则（衡量）或评判得分细则（仅用于评判）	最大分值
A1	空间管理					
		J	工作台、地面等整洁和清理情况，如选手比赛结束后整理好本工位的物件、工具，摆放整齐有序，地上无垃圾、杂物			1.00
				0	工作区处于混乱状态，物品摆放混乱，地上有垃圾、杂物	

续表

编号	子标准描述	评判类型（M代表衡量，J代表评判）	评判细则	评判得分	其他方面细则（衡量）或评判得分细则（仅用于评判）	最大分值
				1	工作区环境一般，物品有简单整理，地上无明显可见垃圾、杂物	
				2	工作区环境良好，物品摆放整齐，地上无垃圾、杂物	
				3	工作区环境很好，物品按类别有序整齐摆放，地上干净、整洁	
A2	绿色环保					
		J	耗材使用合理且无浪费，工具、量具使用中未被损坏			1.00
				0	需额外提供耗材或工具、量具使用过程中造成严重损坏，需更换	
				1	耗材使用浪费，工具、量具使用得当	
				2	耗材使用基本合理，工具、量具使用及保管得当	
				3	耗材使用合理、有富余，工具、量具使用及保管规范且合理	

请对比图3-3-8a所示技能大赛比赛现场实拍照片，分析图3-3-8b中现场管理存在的不足之处。

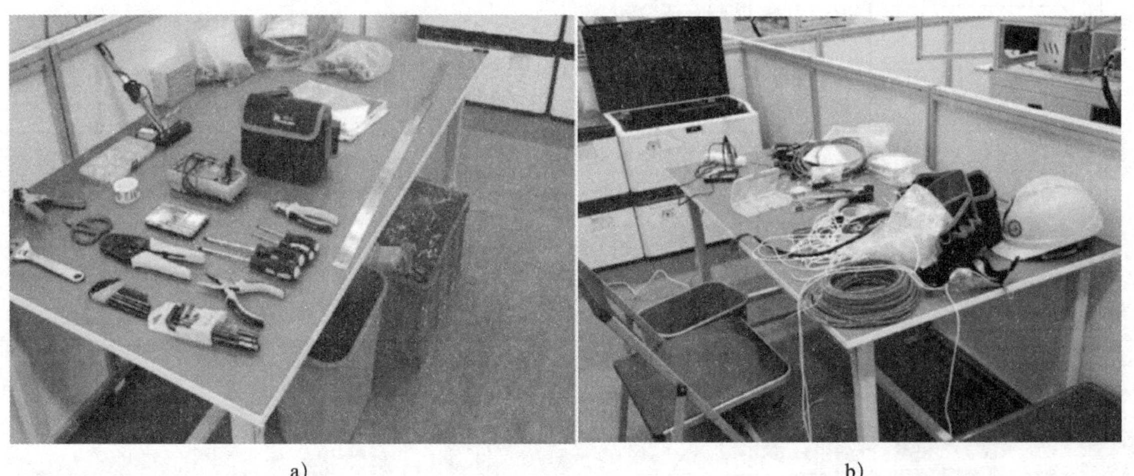

a)　　b)

图3-3-8　机器人系统集成赛项现场管理

a）技能大赛比赛现场实拍照片　b）学生实际操作现场照片

三、年保成果验收

完成工作站年度维保与自检后，验收部门（其他小组或教师）根据表 3-3-12 所示维保验收单的项目内容，对工作站实施验收工作，合格后交付生产部门投入实际生产。

表 3-3-12　　维保验收单

<table>
<tr><td rowspan="2">验收部门</td><td colspan="2" rowspan="2"></td><td rowspan="2">验收部门现场负责人</td><td>姓名：</td></tr>
<tr><td>电话：</td></tr>
<tr><td rowspan="2">实施部门</td><td colspan="2" rowspan="2"></td><td rowspan="2">实施部门现场负责人</td><td>姓名：</td></tr>
<tr><td>电话：</td></tr>
<tr><td>验收地点</td><td colspan="2"></td><td>验收日期</td><td>年　月　日</td></tr>
<tr><td>序号</td><td>维保项目</td><td colspan="2">描述</td><td>验收情况</td></tr>
<tr><td>1</td><td>耗材</td><td colspan="2">对工作站耗材进行更换</td><td></td></tr>
<tr><td>2</td><td>工作站外围辅助设备</td><td colspan="2">焊接电源维保、保护气体维保、清枪器维保</td><td></td></tr>
<tr><td>3</td><td>机器人</td><td colspan="2">机器人机构年保项目（10 项）、机器人控制装置年保项目（2 项）及更换 J1 ～ J6 轴润滑油脂</td><td></td></tr>
<tr><td>4</td><td>工作站投产</td><td colspan="2">正常投产，进行单工件焊接</td><td></td></tr>
<tr><td>5</td><td>现场管理</td><td colspan="2">废弃油脂专门回收处理、场地“6S”管理</td><td></td></tr>
<tr><td>6</td><td>年度保养工期</td><td colspan="2">3 个工作日内完成</td><td></td></tr>
<tr><td>验收意见</td><td colspan="4">以上内容已由实施部门维护与保养完成，现请验收部门按照年保任务单的要求进行验收，意见如下：工作站运行正常（□是　□否），年保项目齐全（□是　□否），验收合格（□是　□否）。
验　收　人：（签名）
验收日期：　年　月　日</td></tr>
<tr><td>备注</td><td colspan="4"></td></tr>
</table>

四、总结与思考

在表 3-1-1 所示某电机制造有限公司自动化设备年度维保任务单中有一栏“再发异常防止及改善措施”，请根据年保过程中出现的问题，提出相应的改善措施，以提高工作效率或减小维保频率。

学习活动 4　工作总结与评价

学习目标

1. 能按分组情况，分别派代表展示工作成果，说明本次任务的完成情况，并进行分析、总结。

2. 能结合自身任务完成情况，正确、规范地撰写工作总结（心得体会）。

3. 能就本次任务中出现的问题提出改进措施。

4. 能对学习与工作进行反思、总结，并能与他人开展良好合作，进行有效沟通。

建议学时：2 学时

学习过程

一、个人评价

按表 3–4–1 所列评分标准进行个人综合评价。

表 3–4–1　个人综合评价表

项目	序号	技术要点	配分	评分标准	得分
工具的使用（10%）	1	注油枪的使用	5	不正确、不合理每处扣 1 分	
	2	黄油枪的使用	5	不正确、不合理每处扣 1 分	
配件和材料的选用（20%）	3	机器人本体电池型号的选用	4	不正确不得分	
	4	润滑油型号的选用	4	不合格每处扣 1 分	
	5	润滑脂型号的选用	4	不合格每处扣 1 分	
	6	导电嘴的选用	4	不正确不得分	
	7	焊丝的选用	4	不正确不得分	

续表

项目	序号	技术要点	配分	评分标准	得分
维保操作（60%）	8	线缆整理效果	5	不合格每处扣 1 分	
	9	焊机维保效果	5	不合格每处扣 1 分	
	10	保护气瓶维保效果	5	保护气体气路不畅通和气瓶减压加热器安装不到位不得分	
	11	清枪器维保效果	5	铰刀更换、保护油更换不正确不得分	
	12	设备紧固效果	5	不合格每处扣 1 分	
	13	导电嘴更换	5	不正确不得分	
	14	焊丝更换	5	不正确不得分	
	15	机器人本体电池更换	5	不正确不得分	
	16	机器人本体 J1 ~ J3 轴润滑脂加脂操作	8	不正确每处扣 1 分	
	17	机器人本体 J4 ~ J6 轴润滑油加油操作	7	不正确每处扣 1 分	
	18	工作站焊接及调试效果	5	焊接效果差不得分	
安全文明生产（10%）	19	安全操作	5	不按安全操作规程操作不得分	
	20	工位清理	5	不合格不得分	
总得分					

二、小组评价

以小组为单位，选择演示文稿、展板、海报、视频等形式中的一种或几种，向全班展示、汇报制作成果。在展示的过程中，以小组为单位进行评价；评价完成后，根据其他小组成员对本组展示成果的评价意见进行归纳、总结。

三、教师评价

认真听取教师对本小组展示成果的优缺点以及在完成任务过程中出现的亮点和不足的评价意见，并做好记录。

1．教师对本小组展示成果优点的点评。

2．教师对本小组展示成果缺点及改进方法的点评。

3．教师对本小组在整个任务完成过程中出现的亮点和不足的点评。

四、总结提升

结合自身任务完成情况，通过交流讨论等方式较全面规范地撰写本次任务的工作总结。

评价与分析

按照“客观、公正和公平”原则，在教师的指导下按自我评价（自评）、小组评价（互评）和教师评价（师评）三种方式对自己或他人在本学习任务中的表现进行综合评价。综合等级按 A（100 ~ 90）、B（89 ~ 75）、C（74 ~ 60）、D（59 ~ 0）四个级别进行填写，见表 3-4-2。

表 3-4-2　学习任务综合评价表

考核项目	评价内容	配分	评价分数		
			自评	互评	师评
职业素养	安全防护用品穿戴整洁，仪容、仪表符合工作要求	5 分			
	安全意识、责任意识、服从意识强	6 分			
	积极参加教学活动，按时完成各种学习任务	6 分			
	团队合作意识强，善于与人交流和沟通	6 分			
	自觉遵守劳动纪律，尊重师长、团结同学	6 分			
	爱护公物、节约材料，管理现场符合“6S”标准	6 分			
专业能力	专业知识查找及时、准确，有较强的自学能力	10 分			
	操作积极、训练刻苦，具有一定的动手能力	15 分			
	技能操作规范、注重维保工艺，工作效率高	10 分			
工作成果	年度维保符合工艺规范，功能满足要求	20 分			
	工作总结符合要求，展示成果制作质量高	10 分			
总分		100 分			
总评	自评 ×20%+ 互评 ×20%+ 师评 ×60%=	综合等级	教师（签名）：		

世赛知识

世界技能组织（WSI）简介

世界技能组织是世界技能大赛的组织机构，其前身是“国际职业技能训练组织”（IVTO）。20 世纪 50 年代，西班牙和葡萄牙两国发起创立了“国际职业技能训练组织”，目的是感召青年人重视职业技能，引导社会和雇主重视职业技能培训，并通过举办世界性的竞赛来实现该目标。后来，在“国际职业技能训练组织”50 周年会员大会上，“国际职业技能训练组织”易名为“世界技能组织”。

世界技能组织是非政府国际组织，注册地在荷兰。

世界技能组织的宗旨是提升公众对技能人才的认可，展示技能在实现经济发展和个人成功中的重要性。

世界技能组织的目标如下：

（1）通过各成员的共同努力，促进世界技能组织的发展。

（2）把世界技能大赛作为加强技能认同、促进技能发展的主要方式。

（3）发展一个现代化的、灵活的组织机构，支持世界技能组织的全球性活动。

（4）与政府、非政府组织和所选择的企业发展战略合作伙伴关系，共同为实现组织的目标而努力。

（5）传播信息，共享知识、技能标准和世界技能组织的评价标准。

（6）建立便利的国际联系网络，为世界技能组织的利益相关者创造更多技能发展和技能创新的机会。

（7）鼓励世界技能组织成员和世界范围内的年轻人加强技能、知识和文化的交流。